Eggert
Die Betriebsprüfung –
Anpassungen im Jahresabschluss

AF716111

Zusätzliche digitale Inhalte für Sie!

Dieses Buch bietet Ihnen mehr als nur eine gedruckte Version! Nutzen Sie die folgenden Möglichkeiten, die Ihnen für dieses Produkt in der NWB Datenbank zur Verfügung stehen.

@ Online-Version

Sie haben das gedruckte Exemplar Ihres Buches nicht zur Hand oder möchten etwas schnell recherchieren? Dann nutzen Sie die Online-Version Ihres Buches. Diese steht Ihnen nach Eingabe des folgenden Freischaltcodes direkt zur Verfügung.

Schalten Sie sich Ihre digitalen Mehrwerte direkt frei:

Scannen Sie den QR-Code **oder** rufen Sie die Seite www.nwb.de auf.
Geben Sie den Freischaltcode ein und folgen Sie dem Anmeldedialog. Fertig!

Ihr Freischaltcode
BBLE-JDCQ-HEWO-PYRV-TVFM-UO

www.nwb.de

Die Betriebsprüfung – Anpassungen im Jahresabschluss

Von
Wolfgang Eggert, StB/WP

1. Auflage

nwb

ISBN 978-3-482-**68431**-9

1. Auflage 2023 - 1., unveränderter Nachdruck 2024

Druck: mediaprint solutions, Paderborn

VORWORT

In der Buchführungs-Praxis insbesondere der mittelständischen Unternehmen und Steuerberatungskanzleien sind unterschiedliche oder gar falsche Handhabungen zu beobachten, in welcher Form im Jahresabschluss das Ergebnis einer steuerlichen Außenprüfung („Betriebsprüfung" oder „Bp") berücksichtigt wird. Der schöne Grundsatz „Weißt Du nicht wohin / buche an Gewinn // ist es Dir egal / buch an Kapital" stimmt für die Handelsbilanz nicht, ist aber nach meinen Beobachtungen als Autor und Seminar-Referent immer noch sehr häufig zu beobachten. Die Anpassung von Bp-Feststellungen direkt über das Kapital stellt tatsächlich einen schweren Verstoß gegen den Grundsatz der Bilanzidentität nach § 252 Abs. 1 Nr. 1 HGB dar. Darüber hinaus herrscht in den Kanzleien zum Teil eine erhebliche Unsicherheit, wie sich die Feststellungen der Außenprüfung in den Folgejahren auswirken oder ob überhaupt eine Änderung des Jahresabschlusses erforderlich ist.

Diese Erfahrungen bildeten den Anlass, in einer Beitragsreihe in der Fachzeitschrift NWB Rechnungswesen – BBK –, deren Mit-Herausgeber ich bin, den gesamten Themenkomplex einmal systematisch aufzurollen und gleichzeitig eine pragmatische Handreichung vorzulegen, ob und wie die Ergebnisse einer steuerlichen Außenprüfung zu buchen sind. Besonderes Augenmerk galt dabei den Bedürfnissen der KMU. Ziel war es aber nicht, nur „Kochrezepte" zur Verfügung zu stellen. Vielmehr ging es darum, den unverzichtbaren theoretischen Hintergrund zu erklären. Denn rein schematische Lösungen stoßen in der Praxis immer wieder schnell an ihre Grenzen, wenn der eigene Sachverhalt auch nur geringfügig abweicht. Nur wenn das Konzept und die Prinzipien verinnerlicht sind, lässt sich eine eigene Lösung erarbeiten. Auch dies spiegelt sich in meinen Schulungen für Steuerberater-Kolleginnen und -Kollegen und ihre Mitarbeiterinnen und Mitarbeiter wider.

Die Reaktionen der Leserinnen und Leser auf die BBK-Reihe waren durchweg positiv, auch weil das Thema in der Fachliteratur bisher eher stiefmütterlich behandelt wurde. Der NWB Verlag möchte die Beitragsreihe nun einem größeren Leserkreis zur Verfügung stellen und bündelt sie in diesem Werk. Hierfür wurde die Beitragsreihe selbstverständlich überarbeitet und aktualisiert.

Ich hoffe sehr, Sie, liebe Leserinnen und Leser, proftieren ebenfalls von diesem Werk und können so die anspruchsvolle Aufgabe, das Ergebnis einer Außenprüfung im Jahresabschluss abzubilden, mit mehr Sicherheit und erfolgreich lösen. Für Anregungen und Hinweise bin ich dankbar, bitte richten Sie Ihre Zuschrift an bbk-leserfrage@nwb.de.

Herzogenaurach, im Juli 2023

StB/WP Wolfgang Eggert, BBK-Herausgeber

INHALTSVERZEICHNIS

A. Korrektur der Handelsbilanz nach einer Betriebsprüfung

I. GoB als Grundlage zur Bp-Anpassung

§ 252 Abs. 1 Nr. 1 HGB legt fest, dass die Wertansätze in der Eröffnungsbilanz des Geschäftsjahres mit denen der Schlussbilanz des vorhergehenden Geschäftsjahres übereinstimmen müssen. Darüber hinaus finden sich – anders als im Steuerrecht – keine weiteren Regelungen, welche die Änderung von Jahresabschlüssen regeln.

Zur Beantwortung der Frage, wie an die Ergebnisse einer Betriebsprüfung anzupassen ist, müssen deshalb die Grundsätze ordnungsgemäßer Buchführung bzw. Bilanzierung (GoB) herangezogen werden. Zur Ermittlung der GoB findet sich verständlicherweise im Gesetz keine Festlegung.[1]

- Nach der sog. induktiven Methode soll die Anschauung ordentlicher, ehrenwerter Kaufleute festzustellen sein (nicht aber die tatsächlichen Gepflogenheiten).
- Nach der deduktiven Methode wird darauf abgestellt, welchen Zweck die Rechnungslegung hat (z. B. Information, Gläubigerschutz).

Als **Entscheidungshilfen** kommen infrage: Urteile des EuGH, BGH und BFH, Stellungnahmen des Instituts der Wirtschaftsprüfer in Deutschland e. V. (IDW) zur Rechnungslegung (IDW RS), Stellungnahmen des DIHT, Erkenntnisse der Betriebswirtschaftslehre, der Fachliteratur sowie die Bilanzierungspraxis.[2] Als weitere Grundlagen der GoB gelten die internationalen Rechnungslegungsgrundsätze (IAS und IFRS), aber auch die vernünftige kaufmännische Beurteilung.

Da die maßgebliche Veröffentlichung im Bereich der Bilanzberichtigung vom IDW stammt, empfiehlt es sich, auf diese in Form des **IDW RS HFA 6** („Änderung von Jahres- und Konzernabschlüssen") zurückzugreifen.[3] Das IDW unterscheidet darin die Korrektur von fehlerfreien und fehlerhaften Jahresabschlüssen.

HINWEIS:

In diesem Beitrag soll nur der fehlerhafte Jahresabschluss betrachtet werden, weil ein fehlerfreier Jahresabschluss nicht zum Gegenstand von Feststellungen im Rahmen einer steuerlichen Außenprüfung wird.[4]

Eine Bilanzposition ist fehlerhaft, wenn sie gegen zwingende Vorschriften des HGB[5] oder gegen die GoB verstößt.

BEISPIEL ► Eine Versicherungszahlung für das Geschäftsjahr 2022 wird noch im Jahr 2021 geleistet. Der Betrag von 3.000 € wird als Aufwand gebucht.

1 Vgl. *Theile/Wagner*, Grundsätze ordnungsmäßiger Buchführung – GoB (HGB), infoCenter NWB UAAAE-85382.

2 Im Bereich der Konzernrechnungslegung, die nicht Gegenstand dieses Beitrags ist, sind insbesondere die vom DRSC entwickelten Standards (DRS) zu beachten. Soweit diese Standards vom BMJV bekannt gemacht worden sind, haben sie die Vermutung, GoB im Rahmen der Konzernrechnungslegung zu sein, für sich (§ 342 Abs. 2 HGB).

3 IDW RS HFA 6 v. 12.4.2007: Änderung von Jahres- und Konzernabschlüssen, FN-IDW 5/2007 S. 265 ff.

4 Wegen der Relevanz für das Steuerrecht und in Abgrenzung zu diesem wird jedoch auf den subjektiven Fehlerbegriff eingegangen (vgl. Abschnitt IV).

5 Bzw. steuerlich gegen solche des EStG.

LÖSUNG ► Die Bilanzierung entspricht nicht den gesetzlichen Vorschriften, da die Position „Aktive Rechnungsabgrenzung" um 3.000 € zu niedrig ausgewiesen wird (vgl. § 250 Abs. 1 HGB). Die Bilanzposition und somit auch der Jahresabschluss sind fehlerhaft.

II. Noch nicht festgestellte Jahresabschlüsse

In der Aufstellungsphase eines Jahresabschlusses sind Fehlerberichtigungen jederzeit „möglich"[6], nach der Auffassung des Autors sogar geboten. Ansonsten würde nämlich der fehlerhaft aufgestellte und bewusst nicht korrigierte Abschluss gegen die Vorschriften der §§ 238 ff. HGB und/ oder die GoB verstoßen.

III. Festgestellte Jahresabschlüsse

Nach Auffassung des IDW sind festgestellte Jahresabschlüsse **grundsätzlich bindend,** d. h., der Abschluss erlangt grundsätzlich eine Bindungswirkung und kann nicht ohne weiteres geändert werden.[7] Diese Behauptung wird aus dem Interesse der Öffentlichkeit an einer verlässlichen Information über die wirtschaftlichen Verhältnisse des Unternehmens abgeleitet.[8] Muss der Jahresabschluss nicht festgestellt werden, tritt an dessen Stelle der unterzeichnete Jahresabschluss.[9]

Trotz dieser auf den ersten Blick eindeutigen Festlegung wird aber dann vom IDW beschrieben, dass ein fehlerhafter Jahresabschluss „ohne weiteres" geändert werden darf. Dieser Grundsatz erfährt jedoch im weiteren Verlauf des Rechnungslegungsstandards eine Einschränkung mit der Aussage, dass

- die Fehlerbeseitigung grundsätzlich dann zulässig ist, wenn „gewichtige rechtliche, wirtschaftliche oder steuerrechtliche Gründe vorliegen";[10]
- die Fehlerbeseitigung selbst einen ausreichenden Grund für eine Änderung des Jahresabschlusses darstellt, sofern der Fehler betrags- oder ausweismäßig von einigem Gewicht ist.

ERGEBNIS:

Festgestellte Jahresabschlüsse, die nur unbedeutende Fehler enthalten, sind bindend und folglich nicht zu korrigieren.

Diese Vorgabe entspricht sicherlich den Bedürfnissen der Praxis, denn geringfügige Fehler entstehen häufig aufgrund eines Informationsdefizits und sind deshalb kaum vermeidbar. Eine Korrektur erst in laufender Rechnung ist aufgrund der Geringfügigkeit angemessen; insbesondere das Informationsinteresse des Jahresabschlusslesers bzw. dessen Anspruch, einen korrekten Jahresabschluss zur Kenntnis nehmen zu können, wird davon nur geringfügig berührt.

6 Zitat aus IDW RS HFA 6, Rz. 3, FN-IDW 5/2007 S. 265 ff.

7 Ebenso *Kanzler*, Bilanzkorrekturen, NWB 29/2012 S. 2374 NWB OAAAE-12992.

8 IDW RS HFA 6, Rz. 6, FN-IDW 5/2007 S. 265 ff.

9 IDW RS HFA 6, Rz. 7, FN-IDW 5/2007 S. 265 ff.

10 IDW RS HFA 6, Rz. 14, FN-IDW 5/2007 S. 265 ff.

BEISPIEL ► In der Handelsbilanz 2021 fehlt versehentlich eine Rückstellung für die internen Kosten der Jahresabschlusserstellung. Richtig bewertet hätten 1.800 € angesetzt werden müssen. Die Bilanzsumme beträgt 1.760.000 €, das Eigenkapital 350.000 € und der Jahresüberschuss 260.000 €. Der Abschluss wurde von der Gesellschafterversammlung bereits festgestellt.

LÖSUNG ► Die Bilanzierung ist fehlerhaft, da die Position „Rückstellungen" um 1.800 € zu niedrig ausgewiesen wird (vgl. § 249 Abs. 1 Satz 1 HGB und § 253 Abs. 1 Satz 2 HGB). Der Fehler ist jedoch nicht gewichtig. Der Jahresabschluss 2021 bleibt auch nach der Entdeckung des Fehlers unverändert bestehen. Der Aufwand wird im Jahr 2022 in laufender Rechnung erfasst.

IV. Subjektiver Fehlerbegriff

Ein handelsrechtlicher Jahresabschluss ist nach der Theorie des subjektiven Fehlerbegriffs nur dann fehlerhaft, wenn der Kaufmann den Gesetzesverstoß spätestens im Zeitpunkt der Feststellung bei pflichtgemäßer und gewissenhafter Prüfung hätte erkennen können.[11]

Ist beispielsweise ein Oberster Gerichtshof des Bundes (insbesondere BGH und BFH) oder auch der EuGH mit einer bilanziellen (Streit-)Frage befasst, ist dies ein starkes Indiz dafür, dass die Lösung nicht unstrittig ist. Von dem bilanzierenden Kaufmann kann nicht erwartet werden, dass er den Ausgang des Verfahrens hätte erkennen und in seinem Jahresabschluss berücksichtigen müssen.

Vielmehr genügt es, in der Bilanzierung der **überwiegenden Auffassung** zu folgen, die zumindest vertretbar ist. Stellt sich diese im Nachhinein als fehlerhaft heraus, kann das nicht dem Bilanzierenden angelastet werden. Eine Pflicht zur Fehlerkorrektur aufgrund der Gerichtsentscheidung besteht in diesem Fall nicht.

BEISPIEL ► Nach der herrschenden Meinung der GoB sind bestimmte Ausgaben als Aufwand zu buchen. Der BFH entscheidet entgegen den GoB und zugunsten eines aktiven Rechnungsabgrenzungspostens.

LÖSUNG HANDELSBILANZ ► Jahresabschlüsse, welche die Ausgaben als Aufwand behandeln, sind bis zum Zeitpunkt der Veröffentlichung des BFH-Urteils subjektiv richtig gewesen. Sie müssen – obwohl sie objektiv einen Fehler enthalten – nicht korrigiert werden.

Steuerlich ist ein Berufen auf den subjektiven Fehlerbegriff nicht möglich (vgl. hierzu den Nachfolgebeitrag zur Korrektur der Steuerbilanz nach einer Betriebsprüfung). Der Große Senat des BFH hat dies mit Beschluss vom 31.1.2013[12] unter Abkehr von seiner bis dahin gültigen Rechtsprechung entschieden.[13] Das IDW hält allerdings auch nach diesem Beschluss an seiner Auffassung fest,[14] dass eine Korrektur nicht notwendig ist; diese Auffassung entfaltet jedoch nur für die Handelsbilanz Wirkung.

---

11 IDW RS HFA 6, Rz. 14, FN-IDW 5/2007 S. 265 ff.; vgl. hierzu auch *Pohl*, Zur Geltung des subjektiven Fehlerbegriffs in der Handelsbilanz, NWB 37/2017 S. 2848 NWB RAAAG-55974.

12 BFH, Beschluss v. 31.1.2013 - GrS 1/10, BStBl 2013 II S. 317 NWB UAAAE-32715.

13 Vgl. *Broemel/Endert*, Bilanzberichtigung nach Aufgabe des subjektiven Fehlerbegriffs, BBK 17/2013 S. 805 NWB HAAAE-43378.

14 232. Sitzung des HFA, TOP 4.

V. Nichtige Jahresabschlüsse

Ein nichtiger Jahresabschluss hat – aufgrund der Nichtigkeit – **keine Rechtswirksamkeit.** Wird der nichtige Jahresabschluss durch einen ordnungsgemäßen ersetzt, liegt also keine Änderung vor.[15]

Dabei ist jedoch zu beachten, dass gesetzlich bestimmt ist, die Nichtigkeit in bestimmten Fällen durch Zeitablauf nicht mehr geltend machen zu können (vgl. § 256 Abs. 6 AktG). In diesem Fall genügt es, wenn der Fehler im letzten offenen Jahresabschluss korrigiert wird.[16]

Da Korrekturen des steuerlichen Außenprüfers in der Regel nicht zur Nichtigkeit des Jahresabschlusses führen, wird zu den weiteren Details eines nichtigen Jahresabschlusses bzw. dessen Korrektur auf IDW RS HFA 6, Rz. 15 ff., verwiesen.

VI. Zeitpunkt und Art der Korrektur

1. Grundsätze

Fehlerhafte handelsrechtliche Jahresabschlüsse, die nicht nichtig sind, werden grundsätzlich immer **in laufender Rechnung** korrigiert. Eine Rückwärtsberichtigung eines bereits festgestellten Jahresabschlusses ist zwar zulässig, aber nicht zwingend erforderlich.[17]

Lediglich dann, wenn durch den fehlerhaften Abschluss kein den tatsächlichen Verhältnissen entsprechendes Bild der Vermögens-, Finanz- und Ertragslage mehr vermittelt wird, besteht ausnahmsweise eine Pflicht zur Rückwärtsberichtigung. Dies gilt aber dann nicht, „wenn eine zeitnahe, den gesetzlichen Anforderungen entsprechende Informationsvermittlung ... durch die Korrektur im laufenden Abschluss erreicht werden kann". Die Informationsvermittlung kann auch durch eine Richtigstellung im folgenden Quartals- oder Halbjahresabschluss erfolgen.

BEISPIEL ► In der Handelsbilanz 2021 fehlt versehentlich eine Rückstellung für die Rekultivierung eines Grundstücks, auf dem Kies abgebaut wird. Richtig bewertet hätten 1.800 € angesetzt werden müssen. Die Bilanzsumme beträgt 1.760.000 €, das Eigenkapital 350.000 € und der Jahresüberschuss 260.000 €. Der Abschluss 2021 wurde von der Gesellschafterversammlung bereits festgestellt. Die Gesellschafter werden erst wieder durch den Jahresabschluss 2022 informiert.

LÖSUNG ► Die Bilanzierung ist fehlerhaft, da die Position „Rückstellungen" um 1.800 € zu niedrig ausgewiesen wird (vgl. § 249 Abs. 1 Satz 1 HGB und § 253 Abs. 1 Satz 2 HGB). Der Fehler ist jedoch nicht gewichtig. Der Jahresabschluss 2021 bleibt unverändert. Die Rückstellung wird 2022 erfasst.

ABWANDLUNG ► Die korrekte Rückstellung beträgt 180.000 €.

LÖSUNG ABWANDLUNG ► Der Fehler führt dazu, dass der Jahresabschluss mindestens kein den tatsächlichen Verhältnissen entsprechendes Bild der Ertragslage bietet. Auch die Vermögenslage ist gravierend fehlerhaft. Eine zeitnahe Information der Gesellschafter findet zwischen den Jahresabschlüssen nicht statt. Der Jahresabschluss 2021 ist deshalb zu korrigieren.

---

15 IDW RS HFA 6, Rz. 8, FN-IDW 5/2007 S. 265 ff.

16 IDW RS HFA 6, Rz. 15, FN-IDW 5/2007 S. 265 ff.

17 IDW RS HFA 6, Rz. 21, FN-IDW 5/2007 S. 265 ff.

2. Auswirkungen einer steuerlichen Außenprüfung

Eine Korrektur des handelsrechtlichen Jahresabschlusses nach einer steuerlichen Außenprüfung ist nur erforderlich, soweit sich der vom Betriebsprüfer festgestellte Fehler überhaupt auf die Handelsbilanz auswirkt.[18]

BEISPIEL ► Der Prüfer moniert zu Recht, dass eine nach § 6b EStG gebildete Rücklage nicht hätte gebildet werden dürfen. Er löst sie erfolgswirksam auf.

LÖSUNG ► Da die Rücklage in der Handelsbilanz nicht ausgewiesen worden ist,[19] ergibt sich für diese (in der Handelsbilanz nicht vorhandene) Position keine Änderung.[20]

Ebenso ist eine Korrektur der Handelsbilanz nicht durchzuführen, wenn eine Bewertungskorrektur zwar steuerlich geboten war, aber der gewählte Wert handelsrechtlich zulässig ist.[21] Das IDW schreibt aber völlig richtig, dass „zur Vermeidung von steuerlichen Mehrergebnissen ... es im Hinblick auf den Maßgeblichkeitsgrundsatz des § 5 EStG allerdings zweckdienlich sein (kann), den handelsrechtlichen Jahresabschluss desselben Geschäftsjahres zu ändern, um dadurch z. B. zusätzliche Abschreibungen bei der steuerlichen Gewinnermittlung geltend machen zu können". Die steuerrechtlichen Auswirkungen gelten als wichtiger Grund für die Änderung.[22]

In den übrigen Fällen, also bei einer – zumindest partiellen – Übernahme der Prüferfeststellung in die Handelsbilanz, ist zu entscheiden, ob rückwärts zu berichtigen ist oder ob die Korrektur im ersten noch nicht festgestellten Jahresabschluss erfolgen kann. Hierzu ist auf die allgemeinen Ausführungen zu verweisen (vgl. Abschnitt VI.1). Von der Betriebsprüfung aufgedeckte Fehler sind nicht anders zu behandeln als die übrigen fehlerhaften Jahresabschlüsse auch. In der Mehrzahl der Fälle wird deshalb eine Korrektur in laufender Rechnung erfolgen.

Nichts anderes gilt für die Frage, ob die Korrektur **erfolgswirksam** durchzuführen ist. Dies ist nach der Veröffentlichung des IDW unzweifelhaft der Fall. So legt Rz. 36 des IDW RS HFA 6 fest, dass die Anpassungen unter den sonstigen betrieblichen Erträgen oder Aufwendungen bzw. unter „Steuern vom Einkommen und vom Ertrag", ggf. auch unter den sonstigen Steuern auszuweisen sind.[23]

Selbstverständlich gilt dies nicht für Fehler, die nur erfolgsneutral korrigiert werden können. Wurde z. B. eine Rückstellung ausgewiesen, ist aber eine Verbindlichkeit korrekt zu bilanzieren, wirkt sich die Korrektur nicht auf die Gewinn- und Verlustrechnung aus. Allerdings sind solche Feststellungen von Seiten des Betriebsprüfers in der ganz überwiegenden Anzahl der Fälle nicht Gegenstand der steuerlichen Außenprüfung.

---

18 IDW RS HFA 6, Rz. 33, FN-IDW 5/2007 S. 265 ff.

19 Seit der Geltung des BilMoG ist § 247 Abs. 3 HGB aufgehoben worden. Diese Vorschrift hat es früher ermöglicht, dass die Rücklage auch in der Handelsbilanz ausgewiesen wurde bzw. ausgewiesen werden musste. Mangels gesetzlicher Vorschrift ist dies jedoch nach dem aktuellen Rechtsstand nicht möglich.

20 Falls durch die Änderung ggf. die latenten Steuern abweichend zu ermitteln sind, richtet sich deren Beurteilung und evtl. Berichtigung nach den zuvor geschilderten Grundsätzen.

21 IDW RS HFA 6, Rz. 34, FN-IDW 5/2007 S. 265 ff.

22 IDW RS HFA 6, Rz. 34, FN-IDW 5/2007 S. 265 ff.

23 Ebenso *Happe,* Bilanzierung von Mehrsteuern aufgrund einer Betriebsprüfung, BBK 9/2017 S. 404 NWB QAAAG-43664.

Eine Einbuchung der geänderten Prüferbilanzpositionen – soweit diese handelsrechtlich relevant und zu übernehmen sind – gegen das Anfangskapital stellt grundsätzlich einen **Verstoß gegen § 252 Abs. 1 Nr. 1 HGB** dar. Dadurch würden die Wertansätze in der Eröffnungsbilanz des Geschäftsjahres nicht mehr mit denen der Schlussbilanz des vorhergehenden Geschäftsjahres übereinstimmen.

Dennoch ist diese Handhabung in der Praxis sehr häufig zu beobachten. Mit der Regelung des § 252 Abs. 2 HGB, wonach in begründeten Ausnahmefällen von den Grundsätzen des § 252 Abs. 1 HGB abgewichen werden kann, lässt sich dies jedoch nicht begründen. Zur Bekräftigung dieser Aussage mag die Veröffentlichung des IDW dienen, aber auch die Überlegung, dass die Gesamtjahresüberschüsse (oder -fehlbeträge) ansonsten durch die erfolgsneutrale Anpassung gegen das Eröffnungsbilanzkapital fehlerhaft wären.

HINWEIS:

Soweit die unterrichtende und buchende Praxis dennoch abweichend verfährt, ist sie aufgefordert, diese (langjährige) Übung infrage zu stellen bzw. insbesondere zu begründen oder diese (sofern keine Begründung gefunden wird) zu ändern. Nach der Auffassung des Autors stellt die Anpassung an eine Betriebsprüfung gegen die Eigenkapitalposition der Eröffnungsbilanz einen Gesetzesverstoß dar und ist damit als rechtswidrig einzustufen.

Selbstverständlich muss bei einer erfolgswirksamen Anpassung in laufender Rechnung eine außerbilanzmäßige Zu- und/oder Abrechnung für steuerliche Zwecke dann erfolgen, wenn die Handelsbilanz als Grundlage zur Ermittlung des zu versteuernden Ergebnisses dient (§ 60 Abs. 2 Satz 1 EStDV).

FAZIT

Fehlerhafte Handelsbilanzen, die bereits festgestellt wurden, sind nur im Ausnahmefall im Aufstellungsjahr zu berichtigen. In der Regel erfolgt die Richtigstellung in laufender Rechnung. Dies gilt jedoch dann nicht, wenn der Abschluss kein den tatsächlichen Verhältnissen entsprechendes Bild der Vermögens-, Finanz- und Ertragslage bietet. Ein zwar objektiv vorhandener Fehler, der aber subjektiv nicht als solcher zu werten ist, braucht in der Handelsbilanz nicht korrigiert zu werden.[24] Nicht mit dem Gesetz in Einklang zu bringen ist die häufige Handhabung in der Praxis, wonach Feststellungen des Betriebsprüfers in der Handelsbilanz unter Korrektur der Eröffnungsbilanzwerte und gegen das Eröffnungsbilanzkapital eingebucht werden.

24 Vgl. *Hoffmann,* Subjektive und objektive Bilanzierungsfehler, StuB 9/2015 S. 321 NWB CAAAE-89422.

B. Korrektur der Steuerbilanz nach einer Betriebsprüfung und Abweichungen zur Handelsbilanz

I. Gesetzliche Regelung und deren Auslegung

In § 4 Abs. 2 Satz 1 EStG[1] ist die Bilanzberichtigung für die Steuerbilanz wie folgt beschrieben:

> „Der Steuerpflichtige darf die Vermögensübersicht (Bilanz) auch nach ihrer Einreichung beim Finanzamt ändern, soweit sie den Grundsätzen ordnungsmäßiger Buchführung unter Befolgung der Vorschriften dieses Gesetzes nicht entspricht; diese Änderung ist nicht zulässig, wenn die Vermögensübersicht (Bilanz) einer Steuerfestsetzung zugrunde liegt, die nicht mehr aufgehoben oder geändert werden kann."

Die Regelung wurde vom BFH und vom BMF wie folgt interpretiert:

- Auch wenn das EStG mit seiner Regelung die Steuerbilanz betrifft, ist diese dennoch auch auf die Handelsbilanz anzuwenden, falls keine gesonderte Steuerbilanz aufgestellt wird.[2]
- Als fehlerhafte Bilanz gilt nicht nur die fehlerhafte Bilanzposition, sondern auch die unzutreffende Erfassung von Entnahmen und Einlagen.[3]
- Weiterhin wird auch ein fehlerhafter Gewinn von der Vorschrift umfasst, sofern dieser nicht auf außerbilanziellen Hinzu- oder Abrechnungen beruht.[4]

Zu beachten ist zudem, dass die Bilanzberichtigung eine Steuerfestsetzung erfordert, die noch aufgehoben oder geändert werden kann. Die **Veranlagung** muss dementsprechend nach den Vorschriften der AO **„offen"** sein, was selbstverständlich bei einem bestehenden Vorbehalt der Nachprüfung gegeben ist (§ 164 AO). Aber auch alle anderen Änderungsvorschriften sind hierzu ebenso geeignet (§§ 165, 172 ff. AO), wie auch eine Veranlagung, die noch Gegenstand eines Rechtsbehelfs- oder Klageverfahrens ist. Können mehrere Veranlagungszeiträume berichtigt werden, erfolgt die Bilanzberichtigung im ersten offenen Jahr – sog. **Rückwärtsberichtigung** – und damit abweichend von der handelsrechtlichen Verfahrensweise, die in der Regel eine Korrektur in laufender Rechnung vornimmt.

BEISPIEL 1► Die beim Finanzamt eingereichte Steuerbilanz einer GmbH für 2021 enthält keine Rückstellung für die internen Kosten zur Erstellung eines Jahresabschlusses. Die Veranlagung des Veranlagungszeitraums 2021 zur Körperschaft- und Gewerbesteuer steht unter dem Vorbehalt der Nachprüfung (§ 164 AO).

LÖSUNG► Die Bilanzierung ist fehlerhaft, weil eine Rückstellung zu niedrig ausgewiesen wurde. Der Steuerpflichtige darf die Bilanz für das Wirtschaftsjahr 2021 ändern und die Rückstellung erhöhen, da als Änderungsvorschrift § 164 Abs. 2 AO zur Verfügung steht.

---

1 Vgl. hierzu auch *Kolbe,* Bilanzänderung und Bilanzberichtigung (EStG), infoCenter NWB PAAAB-14427.

2 BFH, Urteil v. 28.5.2008 - I R 98/06, BStBl 2008 II S. 916 NWB IAAAC-89507.

3 BMF, Schreiben v. 13.8.2008 - IV C 6 - S 2141/07/10004, BStBl 2008 I S. 845 NWB GAAAC-88031 unter Bezugnahme auf BFH, Urteil v. 31.5.2007 - IV R 54/05, BStBl 2008 II S. 665 NWB RAAAC-57810.

4 BMF, Schreiben v. 13.8.2008 - IV C 6 - S 2141/07/10004, BStBl 2008 I S. 845 NWB GAAAC-88031.

Zur Berichtigung bei einer nicht mehr „offenen“ Veranlagung siehe Abschnitt III.

Die Bilanzberichtigung wird nach dem nicht interpretationsfähigen Gesetzestext vom Steuerpflichtigen und damit ausdrücklich nicht vom Finanzamt vorgenommen. Die Aufstellung einer Prüferbilanz nach einer Betriebsprüfung wird also nicht von der Vorschrift erfasst. Erst wenn der Steuerpflichtige der Prüferbilanz folgt, nimmt er die Bilanzberichtigung vor.

Die gesetzliche Formulierung, wonach der Steuerpflichtige die Bilanz ändern „darf“, relativiert sich vor dem Hintergrund von § 153 Abs. 1 Satz 1 Nr. 1 AO ganz erheblich. Danach ist er verpflichtet, eine Erklärung zu berichtigen, wenn es ansonsten zu einer Verkürzung von Steuern kommen kann oder bereits gekommen ist.

II. Aufgabe des subjektiven Fehlerbegriffs

Eine ungeklärte bilanzrechtliche Rechtsfrage, die der Steuerpflichtige aus Sicht eines ordentlichen und gewissenhaften Kaufmanns vertretbar gelöst hat, die jedoch anschließend z. B. vom BFH abweichend beurteilt wird, erfüllt den subjektiven Fehlerbegriff. Damit ist die entsprechend aufgestellte Handelsbilanz zwar objektiv, aber nicht subjektiv als fehlerhaft zu beurteilen.[5]

Steuerlich liegt dagegen ein fehlerhafter Bilanzansatz vor. Das Finanzamt ist an die rechtliche Beurteilung, die bei Aufstellung der Bilanz subjektiv nicht fehlerhaft war, sich aber als objektiv falsch herausgestellt hat, nicht gebunden. Damit ist die Bilanz steuerlich eindeutig als fehlerhaft anzusehen. Mit dem Beschluss GrS 1/10[6] hat der Große Senat die bis dahin auch steuerlich geltende Theorie zum subjektiven Fehlerbegriff[7] aufgegeben.[8]

BEISPIEL 2► Nach den GoB sind bestimmte Ausgaben als Aufwand zu buchen. Der BFH entscheidet entgegen den GoB zugunsten eines aktiven Rechnungsabgrenzungspostens.[9]

LÖSUNG STEUERBILANZ► Jahresabschlüsse, welche die Ausgaben als Aufwand behandeln, sind bis zum Zeitpunkt der Veröffentlichung des BFH-Urteils subjektiv richtig gewesen. Sie müssen aber dennoch nach den Grundsätzen des Großen Senats korrigiert werden, soweit das verfahrensrechtlich möglich ist, weil der subjektive Fehlerbegriff steuerlich nicht mehr anzuwenden ist. Die Steuerbilanz ist objektiv fehlerhaft.

III. Korrektur nicht mehr änderbarer Veranlagungen

Im Abschnitt I wurde – entsprechend der gesetzlichen Regelung – unterstellt, dass der Jahresabschluss noch änderbar ist. Falls aber eine solche (oben geschilderte) Rückwärtsberichtigung man-

5 Vgl. *Hoffmann*, Subjektive und objektive Bilanzierungsfehler, StuB 9/2015 S. 321 NWB CAAAE-89422.

6 BFH, Beschluss v. 31.1.2013 - GrS 1/10, BStBl 2013 II S. 317 NWB UAAAE-32715.

7 Vgl. z. B. BFH, Urteil v. 14.8.1975 - IV R 30/71, BStBl 1976 II S. 88 NWB DAAAA-91174.

8 Dagegen enthalten die EStR noch Ausführungen zum subjektiven Fehlerbegriff; vgl. R 4.4 Abs. 1 Satz 5 EStR. Diese sind allerdings insoweit gegenstandslos, als sich ein Steuerpflichtiger nicht mehr darauf berufen kann. Die Finanzverwaltung hat den Beschluss des Großen Senats (BFH, Beschluss v. 31.1.2013 - GrS 1/10, BStBl 2013 II S. 317 NWB UAAAE-32715) im BStBl II veröffentlicht (BStBl 2013 II S. 317); damit ist dieser für die Finanzbehörden zwingend anzuwenden. Vgl. zum Thema außerdem *Broemel/Endert*, Bilanzberichtigung nach Aufgabe des subjektiven Fehlerbegriffs, BBK 17/2013 S. 805 NWB HAAAE-43378.

9 Es wurde bewusst das Beispiel aus Abschnitt A.IV zur Bilanzberichtigung bei der Handelsbilanz nochmals verwendet. An der unterschiedlichen Lösung wird die Abweichung zwischen Handels- und Steuerbilanz deutlich.

gels verfahrensrechtlicher Änderungsvorschriften oder mangels noch nicht abgeschlossenen Rechtsbehelfs- oder Klageverfahrens nicht mehr möglich ist, gilt Folgendes:

Der fehlerhafte Ansatz wird in der **ersten Schlussbilanz** nach dem zuletzt als bestandskräftig zu beurteilenden Wirtschaftsjahr korrigiert.[10] Die Korrektur der Eröffnungsbilanz ist grundsätzlich nicht vorgesehen.

Lediglich dann, wenn der Steuerpflichtige „zur Erlangung beachtlicher ungerechtfertigter Steuervorteile bewusst einen Aktivposten zu hoch oder einen Passivposten zu niedrig an(ge)setzt“[11], wird **ausnahmsweise** der Bilanzenzusammenhang durchbrochen und die **Eröffnungsbilanz** korrigiert.[12]

ABWANDLUNG DES BEISPIELS 1► Die Veranlagung zur Körperschaft- und Gewerbesteuer des Veranlagungszeitraums 2021 steht nicht unter dem Vorbehalt der Nachprüfung (§ 164 AO). Eine andere Änderungsvorschrift der AO greift ebenfalls nicht. Des Weiteren ist auch kein Rechtsmittel anhängig.

LÖSUNG► Die Bilanzierung ist unverändert als fehlerhaft zu beurteilen. Eine Bilanzberichtigung kommt aber nicht in Betracht, da die Steuerfestsetzung des Veranlagungszeitraums 2021 nicht mehr „offen“ ist.
Der Steuerpflichtige kann die Korrektur nur in laufender Rechnung vornehmen. Die Rückstellung wird in der ersten Schlussbilanz nach dem zuletzt als bestandskräftig zu beurteilenden Wirtschaftsjahr vorgenommen, also in der Schlussbilanz 2022.

Festzuhalten ist an dieser Stelle nachdrücklich, dass die Bilanzberichtigung nur im Ausnahmefall durch eine Korrektur der Eröffnungsbilanz erfolgt. Der „Normalfall“ ist die Korrektur der Schlussbilanz. In der Praxis werden Bilanzberichtigungen jedoch häufig unter Durchbrechung des Bilanzenzusammenhangs in der Eröffnungsbilanz vorgenommen. Zu werten ist diese Praxis auch für die Steuerbilanz als nicht mit der herrschenden Meinung von BFH und BMF zur Bilanzberichtigung in Übereinstimmung stehend. Danach erfolgt die Korrektur in der Schluss- und nicht in der Eröffnungsbilanz. Eine Ausnahme stellen – wie geschildert – lediglich die Fälle der ungerechtfertigten Steuervorteile dar.

10 Zum Beispiel BFH, Urteil v. 28.4.1998 - VIII R 46/96, BStBl 1998 II S. 443 NWB PAAAA-96228 und ebenso R 4.4 Abs. 1 Satz 9 EStR.

11 H 4.4 EStH „Berichtigung einer Bilanz, die einer bestandskräftigen Veranlagung zu Grunde liegt“.

12 BFH, Urteil v. 3.7.1956 - I 344/55 U, BStBl 1956 III S. 250 NWB ZAAAA-89717.

Bei der Korrektur ist schließlich noch zu entscheiden, ob diese **erfolgsneutral** oder **erfolgswirksam** erfolgt:

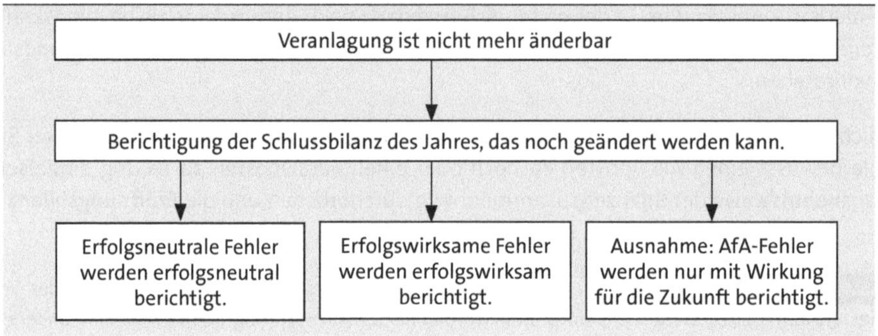

IV. Korrekturbeispiele

Folgende Fälle sind in der Praxis – insbesondere aufgrund der BFH-Rechtsprechung – zu unterscheiden:

Fehler	Folge
Ein Wirtschaftsgut des Privatvermögens ist als Betriebsvermögen erfasst worden.	Ausbuchung des Buchwerts über das Kapitalkonto.[13]
Ein Wirtschaftsgut des Betriebsvermögens ist als Privatvermögen behandelt worden.	Einbuchung über das Kapitalkonto mit dem Wert, mit dem es bei von Anfang an richtiger Behandlung in den Büchern stehen würde.[14]
Es erfolgte eine Aufwandserfassung anstatt einer Aktivierung.	Aktivierung mit dem Wert, der sich in dem Jahr, das noch änderbar ist, bei von Anfang an richtiger Behandlung ergeben hätte.
Eine Debitorenforderung wurde nicht erfasst.	Erfolgswirksame (gewinnerhöhende) Einbuchung.
Der Buchwert eines veräußerten Wirtschaftsguts wurde nicht ausgebucht.	Gewinnmindernde Ausbuchung des Buchwerts.

13 BFH, Urteil v. 21.10.1976 - IV R 222/72, BStBl 1977 II S. 148 NWB YAAAA-91180.

14 BFH, Urteil v. 24.10.2001 - X R 153/97, BStBl 2002 II S. 75 NWB LAAAA-89110.

Fehler	Folge
Die AfA wurde zu hoch/niedrig vorgenommen.	Der Fehler gleicht sich in den Folgejahren aus. Die Nutzungsdauer verkürzt/verlängert sich dadurch, weil die Bilanzposition selbst – trotz des Fehlers – unverändert bleibt.[15] Ab der Fehlerberichtigung ist von der korrekten AfA-Bemessungsgrundlage zur Ermittlung der AfA auszugehen.[16]
Eine Darlehensposition des Privatvermögens ist in der Steuerbilanz passiviert worden.	Ausbuchung des Buchwerts über das Kapitalkonto.[17]
Eine Darlehensposition des Betriebsvermögens wurde bisher nicht passiviert.	Erfolgsneutrale Einbuchung des Darlehens mit dem Wert, mit dem es bei von Anfang an richtiger Behandlung in den Büchern stehen würde.[18]
Eine Rückstellung fehlt im Jahresabschluss.	Erfolgswirksame, also gewinnmindernde Einbuchung.[19]
Eine Schuldposition wurde gewinnwirksam zu hoch angesetzt (z. B. zu hohe Rückstellung).	Gewinnerhöhung durch die Auflösung der Position.[20]
Es erfolgte eine Ertragserfassung anstatt einer Passivierung.	Passivierung mit dem Wert, der sich in dem Jahr, das noch änderbar ist, bei von Anfang an richtiger Behandlung ergeben hätte.

V. Abgrenzung zur Bilanzänderung

Im Gegensatz zur Bilanzberichtigung, bei der ein fehlerhafter Jahresabschluss vorliegen muss, stellt die Bilanzänderung[21] das Ersetzen eines zulässigen Bilanzansatzes durch einen anderen zulässigen Bilanzansatz dar.

Eine solche Bilanzänderung ist nur zulässig, wenn sie in einem engen zeitlichen und sachlichen Zusammenhang mit einer Bilanzberichtigung steht (§ 4 Abs. 2 Satz 2 EStG). Die Änderung darf betragsmäßig lediglich die Auswirkung der Berichtigung ausgleichen. Die Änderung ist nur zulässig, „soweit die ... Änderung ... auf den Gewinn reicht“.

HINWEIS:

Die Bilanzänderung dient also vorwiegend zur steuerlichen Neutralisierung von Änderungen aufgrund einer notwendigen Bilanzberichtigung, um die Steuernachzahlungen zu mindern oder zu vermeiden.

15 BFH, Urteil v. 11.12.1987 - III R 266/83, BStBl 1988 II S. 335 NWB VAAAA-92529.

16 Ausführlich *Eggert*, LEXinform aktuell 26/2014 S. 15.

17 BFH, Urteil v. 9.9.1980 - VIII R 64/79, BStBl 1981 II S. 125 NWB BAAAB-02088.

18 BFH, Urteil v. 9.9.1980 - VIII R 64/79, BStBl 1981 II S. 125 NWB BAAAB-02088.

19 Die Vorschrift des § 6a Abs. 4 Satz 1 EStG ist ggf. zu beachten.

20 BFH, Urteil v. 29.4.2009 - X R 51/08 NWB FAAAD-28265.

21 Im Gesetz wird sowohl bei der Bilanzberichtigung als auch bei der Bilanzänderung immer von „Änderung“ gesprochen. Die hier verwendeten Begrifflichkeiten sind diejenigen, die sich in der Praxis bewährt haben.

FAZIT

Die Bilanzberichtigung in der Steuerbilanz erfolgt in Form einer Rückwärtsberichtigung. Sie unterscheidet sich damit deutlich von der Berichtigung einer Handelsbilanz, die in der Regel in laufender Rechnung erfolgt.

Ist eine Bilanzberichtigung nicht möglich, weil die zugrunde liegende Steuerfestsetzung nicht mehr aufgehoben oder geändert werden kann, wird der fehlerhafte Ansatz in der ersten Schlussbilanz nach dem zuletzt als bestandskräftig zu beurteilenden Wirtschaftsjahr korrigiert.

C. Mehr- und Weniger-Rechnung zur Ermittlung der Auswirkungen einer Bilanzberichtigung

I. Methoden der Mehr- und Weniger-Rechnung

1. Abgrenzungskriterium

Bereits die Bezeichnung der beiden Methoden zeigt auf, welche Positionen des Jahresabschlusses herangezogen werden: Bei der **GuV-Methode** werden die Auswirkungen auf die einzelnen **Erfolgskonten** der Gewinn- und Verlustrechnung betrachtet, während die **Bilanzpostenmethode Bestandskonten** und deren Differenzen untersucht.

HINWEIS:

Selbstverständlich müssen beide Methoden zu einem **identischen Ergebnis** hinsichtlich der Gewinnänderung führen, weshalb sie auch – parallel verwendet – dazu geeignet sind, als gegenseitige Verprobung verwendet zu werden.

2. Gewinn- und Verlust-Methode

Die Vorgehensweise bei der GuV-Methode ist denkbar einfach. Folgende Fragen sollte sich der Anwender stellen:

- Was wurde gebucht?
- Wie hätte richtigerweise gebucht werden müssen?
- Welche Gewinnauswirkung ergibt sich aus der bisher fehlerhaften Behandlung und deren Korrektur?

Auch die systematische Einordnung ist nicht schwierig:

	Aufwandskonto	**Ertragskonto**
Erhöhung	weniger Gewinn	mehr Gewinn
Verminderung	mehr Gewinn	weniger Gewinn

3. Bilanzpostenmethode

Die Bilanzpostenmethode ist dagegen deutlich komplexer, darf aber deshalb trotzdem nicht ignoriert werden. Denn beispielsweise die steuerliche Außenprüfung („Betriebsprüfung", kurz „Bp") arbeitet bei der Erstellung ihrer Prüfungsberichte mit dieser Technik.[1] Damit muss diese Arbeitsweise bekannt sein, um überprüfen zu können, ob gegen den Prüfungsbericht schon deshalb Einwendungen zu erheben sind, weil dieser ggf. systematische Fehler enthält.

Letztlich beruht die Bilanzpostenmethode auf der Definition des Gewinns in § 4 Abs. 1 Satz 1 EStG: Der Gewinn ist der Unterschiedsbetrag zwischen dem Betriebsvermögen am Schluss des Wirtschaftsjahres und dem Betriebsvermögen am Schluss des vorangegangenen Wirtschaftsjahres – vermehrt um den Wert der Entnahmen und vermindert um den Wert der Einlagen. Da sich

1 Die Aussage gilt zumindest für die Betriebsprüfung in Bayern.

das Betriebsvermögen aus dem Saldo der aktiven minus dem Saldo der passiven Bilanzposten (ohne Kapitalkonten) ergibt, gilt bei der Betrachtung der Schlussbilanzwerte Folgendes:

	Aktiva	Passiva
Erhöhung	mehr Gewinn	weniger Gewinn
Verminderung	weniger Gewinn	mehr Gewinn

Dabei ist aber zu beachten, dass sich die Entwicklung eines Bilanzpostens immer aus der Differenz zwischen dem Eröffnungsbilanzwert und dem Schlussbilanzwert ergibt. Eine bloße Ermittlung der Bilanzpostenunterschiede in Form des Schlussbilanzwerts ist somit nur dann geeignet zu einem richtigen Ergebnis zu gelangen, wenn auch der Eröffnungsbilanzwert (und somit auch der Schlussbilanzwert des Vorjahres) unverändert ist. Dies ist nur dann gegeben, wenn sich die Änderung nicht über mehrere Bilanzstichtage zieht.

Aus dieser Überlegung heraus ergeben sich als grundlegende Aussagen:

- Die Gewinnänderung eines Jahres besteht aus dem Saldo aller Änderungen, also denjenigen aus dem Eröffnungsbilanz- und dem Schlussbilanzwert.
- Die Veränderung eines Bilanzpostens im Vorjahr führt – da der Schlussbilanzwert des Vorjahres zwingend mit dem Eröffnungsbilanzwert des laufenden Jahres übereinstimmen muss[2] – zu einer genau entgegengesetzten Änderung des Folgejahres.
- Eine fehlende Bilanzpostendifferenz im Schlussbilanzwert darf – falls der Eröffnungsbilanzwert abweicht – nicht so interpretiert werden, dass keine Gewinnauswirkung vorhanden ist.

II. Fallbeispiel zur GuV-Methode

1. Sachverhalt

Der Betriebsprüfer stellt im Prüfungsjahr 02 fest, dass infolge einer Gebäudeanschaffung (Jahr 01) vorgenommene Reparaturen zu aktivieren sind (sog. anschaffungsnahe Herstellungskosten[3]). Im Rahmen der Schlussbesprechung wird die Einigung über einen Betrag von 89.600 € erzielt.

Die steuerliche Außenprüfung umfasst die Jahre 02 bis 04. Das Gebäude wird mit 2 % p. a. abgeschrieben.

2. Lösung

Die in Abschnitt I.2 aufgelisteten Fragen sind wie folgt zu beantworten:

- Was wurde gebucht? Reparaturaufwand.
- Was hätte richtig gebucht werden müssen? Herstellungskosten und in der Folge AfA.

2 Handelsbilanz: § 252 Abs. 1 Nr. 1 HGB. Steuerbilanz: ebenso aufgrund der Maßgeblichkeit gem. § 5 Abs. 1 Satz 1 Alternative 1 EStG.

3 § 6 Abs. 1 Nr. 1a EStG.

► Welche Gewinnauswirkung ergibt sich aus der bisher fehlerhaften Behandlung und deren Korrektur? Es ergibt sich die Rückgängigmachung des Reparaturaufwands sowie – infolge der damit vorliegenden Herstellungskosten – eine zusätzliche AfA von 2 % • 89.600 € = 1.792 €.

Jahr 02	**Aufwandskonto**	**Gewinnauswirkung**
Reparaturen	weniger Reparaturaufwand = mehr Gewinn	+89.600 €
AfA	mehr AfA = geringerer Gewinn	-1.792 €
Saldo		+87.808 €

Jahre 03 und 04	**Aufwandskonto**	**Gewinnauswirkung**
Reparaturen	keine Änderung	0 €
AfA	mehr AfA = geringerer Gewinn	-1.792 €
Saldo		-1.792 €

III. Fallbeispiel zur Bilanzpostenmethode

1. Sachverhalt

In Ergänzung des Fallbeispiels aus Abschnitt II ist bekannt, dass sich die Bilanzposten – vor der Anpassung durch den Betriebsprüfer – wie folgt entwickelt hatten:

Grundstück	**31.12.02**	**31.12.03**	**31.12.04**
Ansatz vor Betriebsprüfung	340.000 €	334.400 €	328.800 €

Die Änderung des Prüfers hat zu folgender Entwicklung des Bilanzpostens geführt:

Grundstück 1.1.02[4]	345.600 €
abzgl. AfA bisher 02	-5.600 €
zzgl. Nachaktivierung 02	+89.600 €
abzgl. AfA aus Nachaktivierung 02	-1.792 €
Grundstück 31.12.02 lt. Betriebsprüfer	**427.808 €**
abzgl. AfA bisher 03	-5.600 €
abzgl. AfA aus Nachaktivierung 03	-1.792 €
Grundstück 31.12.03 lt. Betriebsprüfer	**420.416 €**
abzgl. AfA bisher 04	-5.600 €

4 Der Wert kann aus den Wertänderungen zwischen den Bilanzansätzen zum Bilanzstichtag 02 und 03 (oder auch 03 und 04) abgeleitet werden. Die Ansätze differieren jeweils um eine AfA von 5.600 €. Folglich betrug der Bilanzansatz zum 1.1.02 340.000 € zzgl. 5.600 € = 345.600 €.

abzgl. AfA aus Nachaktivierung 04	-1.792 €
Grundstück 31.12.04 lt. Betriebsprüfer	**413.024 €**

2. Lösung

Die im Abschnitt I.3 beschriebene Bilanzpostenmethode kann in einer Tabelle zur Ermittlung des Gewinnunterschieds wie folgt umgesetzt werden:

Grundstück	31.12.02	31.12.03	31.12.04
Ansatz vor Betriebsprüfung	340.000 €	334.400 €	328.800 €
Ansatz durch Betriebsprüfung*	427.808 €	420.416 €	413.024 €
Differenz	+87.800 €	+86.016 €	+84.224 €
Vorjahr • (-1)	-	-87.800 €	-86.016 €
Gewinnunterschied	**+87.808 €**	**-1.792 €**	**-1.792 €**
* Sog. Prüferbilanz.			

Folgende Erläuterungen sind erforderlich:

- Nur im ersten Jahr braucht der Vorjahresunterschied nicht in die Berechnung einbezogen zu werden, weil es einen solchen nicht gibt, da der Eröffnungsbilanzwert zum 1.1.02 (345.600 €) unverändert geblieben ist.
- Die Differenz der Ansätze vor der und durch die Betriebsprüfung entspricht deshalb auch nur im ersten Jahr dem Gewinnunterschied.
- In allen anderen Jahren müssen zwingend die Eröffnungsbilanzwert-Differenzen – hier dargestellt mit „Vorjahr • (-1)“ – mit in die Berechnung einbezogen werden.
- Der Saldo aus „Differenz“ und „Vorjahr • (-1)“ ergibt den Gewinnunterschied. Es handelt sich hierbei um die Differenzen aus dem Eröffnungsbilanz- und dem Schlussbilanzwert.
- Die Gewinnunterschiede lassen sich anhand der GuV-Methode (siehe Abschnitt II) durch die geringeren Reparaturen von 89.600 € abzüglich der zusätzlichen AfA von 1.792 € (= 87.808 €) im Jahr 02 erklären. In den Jahren 03 und 04 ergibt sich die Differenz aus der zusätzlichen AfA von 1.792 €. Damit ist eine Verprobung der Bilanzpostenmethode durch die GuV-Methode erfolgt.

Bezogen auf die Bilanzpostenmethode kann folgende Überlegung zur Verprobung dienen:

Σ Gewinnunterschiede = Bilanzpostendifferenz im letzten Jahr

Die Summe der Gewinnunterschiede beträgt 87.808 € (02) - 1.792 € (03) - 1.792 € (04) = 84.224 €. Dieser Wert ist auch als Differenz im Jahr 04 in der obigen Tabelle ausgewiesen.

Diese Form der Verprobung kann z. B. bei einer Betriebsprüfung wie folgt genutzt werden:

BEISPIEL ► Der Betriebsprüfer übergibt folgende (einzige) Feststellung seiner Prüfung:

Gewährleistungs-Rückstellung	**31.12.02**	**31.12.03**	**31.12.04**
Ansatz vor Betriebsprüfung	34.800 €	37.300 €	42.700 €
Ansatz durch Betriebsprüfung	17.000 €	18.000 €	41.000 €

Werden die Änderungen durch den Betriebsprüfer in der Form dargestellt, dass anhand einer Mehr- und Weniger-Rechnung nach der Bilanzpostenmethode die Gewinnänderungen ausgewiesen werden, zeigt sich folgendes Ergebnis:

Gewährleistungs-Rückstellung	**31.12.02**	**31.12.03**	**31.12.04**
Ansatz vor Betriebsprüfung	34.800 €	37.300 €	42.700 €
Ansatz durch Betriebsprüfung	17.000 €	18.000 €	41.000 €
Differenz	+17.800 €	+19.300 €	+1.700 €
Vorjahr • (-1)	-	-17.800 €	-19.300 €
Gewinnunterschied	**+17.800 €**	**+1.500 €**	**-17.600 €**

Werden die Gewinnunterschiede addiert, ergibt sich insgesamt ein Betrag von +1.700 € in den Jahren 02 bis 04 (+17.800 € + 1.500 € - 17.600 €). Diese Gesamtdifferenz hätte sich auch durch einen Blick auf den Bilanzpostenunterschied im Jahr 04 gezeigt: Auch dieser beträgt +1.700 € und entspricht immer der Summe der Gewinnunterschiede in den einzelnen Jahren. Somit ist die Summe der Gesamtdifferenz ohne weitere Berechnung schnell erkennbar. Die Feststellung kann also relativ schnell – durch bloße Betrachtung des letzten Jahres – als nicht wesentlich eingestuft werden.[5]

FAZIT

Während die GuV-Methode die Gewinndifferenzen nach der Auswirkung auf die Ertrags- und Aufwandspositionen berechnet, werden diese bei der Bilanzpostenmethode ausschließlich durch einen Vergleich der Wirtschaftsgüter[6] ermittelt. Da ein Bilanzposten durch den Eröffnungsbilanz- und den Schlussbilanzwert beeinflusst wird, müssen die Vorjahresdifferenzen (mit umgekehrten Vorzeichen) zwingend in die Berechnung der Gewinndifferenz einbezogen werden.

5 Zu beachten sind neben den Gewinnunterschieden noch die Folgen aus der Verzinsung gem. § 233a AO.

6 Der Begriff des Wirtschaftsguts ist – wie steuerlich üblich – aktiv und passiv zu verstehen.

D. Methodik der Anpassungsarbeiten nach einer Betriebsprüfung

I. Umfang der Anpassungen in der Handelsbilanz

Zeigt eine Betriebsprüfung auf, dass Bilanzansätze zu korrigieren sind, muss zunächst entschieden werden, ob sich diese Feststellungen überhaupt auf die Handelsbilanz, also deren Ansätze und Bewertungen, auswirken. Eine solche Notwendigkeit zur Anpassung soll hier angenommen werden, da sich ansonsten die Frage einer Anpassung überhaupt nicht stellt. Sie ist aber selbstverständlich in der Bilanzierungspraxis individuell zu prüfen.

Als Nächstes muss entschieden werden, ob die Anpassung in laufender Rechnung erfolgen muss, was üblich wäre. Auch dies wird hier zunächst unterstellt – zu den anderen Fällen vgl. Abschnitt V.

Systematisches Vorgehen

Folgende Systematik bei der Anpassung erscheint dem Autor sinnvoll, da sie insbesondere geeignet ist, Anpassungsfolgen „nicht aus den Augen“ zu verlieren, sondern vollständig zu bearbeiten:

- Gegenüberstellung der Prüferbilanz mit der bisherigen Handelsbilanz,
- Ermittlung der Differenzen und erfolgswirksame Buchung,
- Ermittlung der Auswirkung auf den Jahresüberschuss im Anpassungsjahr,
- Ermittlung von Folgeauswirkungen auf weitere Bilanzpositionen,
- Folgen für die Gewinnverteilung bei Personengesellschaften und Buchung derselben oder Folgen für den Jahresüberschuss bzw. Bilanzgewinn bei Einzelkaufleuten und Kapitalgesellschaften,
- ggf. Folgen für Gesellschafterdarlehen bei Personengesellschaften.

II. Praxisfall

1. Sachverhalt

Der Betriebsprüfer hat am 1.1.02 Anschaffungsnebenkosten i. H. von 4.000 €, die ursprünglich im Aufwand gebucht wurden, hinzuaktiviert. Bei der Hinzuaktivierung handelt es sich auch nach den Regelungen des HGB um Anschaffungsnebenkosten. Das dazugehörige Wirtschaftsgut (handelsrechtlich: der dazugehörige Vermögensgegenstand) – eine Maschine – ist bis zum 31.12.06 abzuschreiben.

Die Prüferbilanzansätze beim geprüften Unternehmen AB-GmbH & Co. KG, an dem A und B je zur Hälfte beteiligt sind und bei dem der Anteil der Komplementär-GmbH 0 % beträgt, lauten wie folgt:

	31.12.02	31.12.03	31.12.04
Nachaktivierung bzw. Vortrag 1.1.	4.000 €	3.200 €	2.400 €
AfA	800 €	800 €	800 €
Prüferbilanzansatz[1]	3.200 €	2.400 €	1.600 €

Der Prüfungszeitraum endet im Jahr 04. Weitere Feststellungen hat der Betriebsprüfer nicht getroffen, auch keine zur Gewerbesteuer (GewSt), weil der Gewerbeertrag auch nach der Betriebsprüfung unterhalb des Freibetrags (§ 11 Abs. 1 Satz 3 Nr. 1 GewStG) liegt.

Die handelsrechtlichen Jahresabschlüsse bis einschließlich 04 wurden bereits endgültig festgestellt. Abweichende steuerliche Abschlüsse sind nicht aufgestellt worden. Diese Handhabung soll unverändert beibehalten werden.

Der Jahresabschluss 05 ist im Entwurf bereits fertig; die Folgen der Betriebsprüfung sind dabei aber noch nicht berücksichtigt worden. Der Jahresabschluss wurde deshalb auch noch nicht fertiggestellt.

Die Gewerbesteuer-Belastung der Jahre ab 05 beträgt rund 15 %, da insbesondere der Gewerbeertrag nunmehr über dem Freibetrag von 24.500 € liegt. Die Gewinnverteilung erfolgt – entsprechend der Beteiligung – mit 50 % für A, 50 % für B und 0 % für die Komplementär-GmbH. Die Gutschrift der Gewinne muss bei den Kommanditisten auf dem Kapitalkonto III erfolgen, weil es eine entsprechende Regelung im Gesellschaftsvertrag gibt.

ABWANDLUNG:

Die Gutschrift der Gewinne erfolgt bei den Kommanditisten entsprechend der gesetzlichen Lage[2] auf einem Gesellschafterdarlehenskonto.

2. Ermittlung der Auswirkung im Anpassungsjahr

Zunächst ist dem Betriebsprüfungsbericht die Entwicklung der Prüferbilanzansätze 02 bis 04 zu entnehmen. Diese ergeben – wie oben dargestellt – einen Wert von 1.600 € auf den 31.12.04.

Der Vergleich mit dem bisherigen Handelsbilanzwert der Maschine ergibt, dass dieser (noch) um 1.600 € zu niedrig ist; dies entspricht der notwendigen Bp-Anpassung.

Die laufende Anpassung im Jahr 05 erfolgt somit erfolgswirksam[3] gegen das Konto „Sonstige betriebliche Erträge“[4] mit folgendem Buchungssatz:

0440	Maschinen	1.600 €	an	4830	Sonstige betriebliche Erträge	1.600 €

1 31.12.03 und 31.12.04 jeweils nach dem Abzug von 800 € jährlicher AfA (§ 7 Abs. 1 EStG).

2 Die Kommanditanteile sind in voller Höhe einbezahlt worden.

3 Vgl. Abschnitt A.VI.2.

4 IDW RS HFA 6, Rz. 36, FN-IDW 5/2007 S. 265; ebenso *Happe*, Bilanzierung von Mehrsteuern aufgrund einer Betriebsprüfung, BBK 9/2017 S. 404 NWB QAAAG-43664.

Damit sind die ersten beiden Punkte der Systematik – Gegenüberstellung der Prüferbilanz mit der bisherigen Handelsbilanz sowie Ermittlung der Differenzen und erfolgswirksame Buchung – erledigt. Die Auswirkung auf den Jahresüberschuss beträgt offensichtlich +1.600 €. Diese kann entweder durch die GuV-Methode oder durch die Bilanzpostenmethode (insbesondere in komplexeren Fällen) ermittelt werden.[5]

GuV-Methode:

Jahr 05	**Ertragskonto**	**Gewinnauswirkung**
Sonstige betriebliche Erträge	mehr Erträge	+1.600 €

Bilanzpostenmethode:

Maschine	**1.1.05**
Ansatz vor Betriebsprüfung	0 €
Ansatz durch Betriebsprüfung[6]	1.600 €
Differenz	+1.600 €
Vorjahr • -1	-
Gewinnunterschied	**+1.600 €**

Da hier der Eröffnungsbilanzwert angepasst wurde, entfällt die Berücksichtigung des „umgekehrten Vorjahreswerts“ also die Rechenzeile „Vorjahr • -1“. Diese ist nur dann notwendig, wenn der Schlussbilanzwert eine Anpassung erfährt. Dies ist hier (durch die Anpassung des Eröffnungsbilanzwerts) nicht der Fall.

3. Ermittlung von Folgeauswirkungen

Es darf bei der Anpassung nicht übersehen werden, dass die Nachaktivierung zu einer Folgeänderung führt, nämlich die zusätzliche Abschreibung des nachaktivierten Betrags. Diese ergibt einem Mehraufwand von 800 € (vgl. Sachverhalt) und ist wie folgt zu buchen:

6220	Abschreibungen[7]	800 €	an	0440	Maschinen	800 €

Festzuhalten ist hierbei die Gewinnauswirkung von -800 €.[8]

Wäre die Bilanzpostenmethode auf den 31.12.05 angewendet worden, hätte sich folgende saldierte Gewinnauswirkung gezeigt:

5 Vgl. Abschnitt C.

6 Sog. Prüferbilanz.

7 Vollständige Kontobezeichnung bei der DATEV eG: Abschreibungen auf Sachanlagen (ohne AfA auf Kfz und Gebäude).

8 Aufwandsposition Abschreibungen +800 €.

Maschine	**31.12.05**
Ansatz vor Betriebsprüfung	0 €
Ansatz durch Betriebsprüfung	800 €
Differenz	+800 €
Vorjahr • -1	-
Gewinnunterschied	**+800 €**

Korrekturhinweise für die Praxis:

- **Durchführung der Anpassung im Eröffnungsbilanzwert:** Bei den +800 € handelt es sich um den Saldo aus der Anpassung auf den 1.1.05 mit +1.600 € und der laufenden Abschreibung von -800 €. Da es jedoch notwendig sein kann, die Anpassung danach zu unterscheiden, was bereits in die Steuerbescheide Eingang gefunden hat (im Beispiel die Nachaktivierung, die sich auf den Bescheid 02 ausgewirkt hat, sowie die Abschreibungen, die sich in den Bescheiden 02 bis 04 auswirkten) und was ggf. noch zu berücksichtigen ist (AfA des Jahres 05), ist es nicht empfehlenswert, von der Differenz auf den 31.12.05 auszugehen (vgl. hierzu auch Abschnitt IV). Vielmehr sollten immer die Differenzen bei den Eröffnungsbilanzwerten erfasst werden, was auch einen Abgleich mit der Prüferbilanz einfacher macht.
- **Steuerliche Berücksichtigung der Folgeänderungen:** Da alle Prüferbilanzanpassungen – bei korrekter Arbeitsweise des Betriebsprüfers – bereits in den Steuerbescheiden, die aufgrund der Betriebsprüfung ergangen sind, enthalten sind (siehe oben), müssen zugleich alle Folgeänderungen steuerlich noch berücksichtigt werden. Diese Berücksichtigung erfolgt im laufenden Abschluss und den laufenden Veranlagungen, soweit die Bp-Anpassungen im nächsten Jahr nach der Betriebsprüfung erfasst werden (können). Andernfalls erfolgt die Berücksichtigung im sog. Zwischenjahr (vgl. hierzu Abschnitt IV).
- **Individuelle Ermittlung:** Soweit die Feststellungen der Betriebsprüfung sowie deren Folgen bei den Anpassungen zu weiteren Folgeauswirkungen führen, müssen diese in einem nächsten Schritt – Ermittlung von Folgeauswirkungen auf weitere Bilanzpositionen – ermittelt und gebucht werden. Welche Folgeauswirkungen sich ergeben, ist abhängig von den Feststellungen des Betriebsprüfers und dem Sachverhalt des vorhandenen Abschlusses. Sie müssen folglich individuell ermittelt werden. Die Betrachtung der Gewerbesteuer, die steuerlich nicht abzugsfähig ist (vgl. § 4 Abs. 5b EStG), sowie der Zinsen aufgrund der Betriebsprüfung (§ 233a AO) dürfte jedoch regelmäßig notwendig sein.

Im vorliegenden Praxisfall gilt: Da der Jahresabschluss 05 der AB-GmbH & Co. KG bisher die Bp-Folgeauswirkungen noch nicht enthalten hatte, gleichzeitig aber auch noch nicht festgestellt und damit änderbar ist, muss aufgrund der Anpassung an die Betriebsprüfung die Gewerbesteuer-Rückstellung korrigiert werden. Die Veränderung der Gewerbesteuer-Rückstellung ist auf die laufende Gewinnauswirkung zu beschränken. Der AfA-Mehrbetrag von 800 € ergibt lt. Sachverhalt eine Gewerbesteueränderung von 15 %, also 120 € Minderrückstellung. Diese ist wie folgt zu buchen:

3035	GewSt-Rückstellung	120 €	an	7610	Gewerbesteuer	120 €

Soweit die Änderung des Prüfers zu einer erfolgswirksamen Buchung geführt hätte, bei der im Prüfungsjahr auch die Gewerbesteuer-Rückstellung als Folgeauswirkung hätte geändert werden müssen,[9] hätte sich die Anpassung der +1.600 € dennoch nicht in einer Folgeänderung bei der Neuberechnung der Gewerbesteuer-Rückstellung 05 ausgewirkt. Diese wäre vielmehr für den Veranlagungszeitraum 05 unverändert geblieben. Allerdings hätte der geänderte Prüferbilanzansatz Gewerbesteuer 02-04 (also diejenige des Prüfungszeitraums) eine weitere Korrektur 05 nach sich gezogen. Systematisch wäre diese analog zur Korrektur des Bilanzpostens Maschinen erfolgt.

4. Folgen für die Gewinnverteilung

Die Gewinnmehrung aufgrund der Bp-Anpassung betrug +1.600 € (Bp-Anpassung) - 800 € (Auswirkung auf AfA) + 120 € (Änderung Gewerbesteuer aufgrund AfA) = 920 €; sie ist auf A und B je zur Hälfte, also je +460 €, zu verteilen. Die Gutschrift auf die Kapitalkonten erfolgt durch die folgenden Buchungssätze:[10]

9790	Restanteil Teilhafter A	460 €	an	9810[11]	Kapitalkonto III A	460 €
9790	Restanteil Teilhafter B	460 €	an	9810[12]	Kapitalkonto III B	460 €

Im Fall eines Einzelunternehmens oder einer Kapitalgesellschaft wären diese Buchungen nicht erforderlich gewesen. Die Anpassungsbuchungen hätten (lediglich) den Jahresüberschuss bzw. Bilanzgewinn erhöht.

ABWANDLUNG:

Die Buchung im Abwandlungsfall – Folgen für Gesellschafterdarlehen bei Personengesellschaften – erfolgt nicht auf den Kapitalkonten III, sondern auf den Gesellschafterdarlehenskonten 2070.[13]

III. (Freiwillige) Anpassung der Steuerbilanz

Die Feststellungen des Betriebsprüfers erfolgen zwar in einer sog. Prüferbilanz. Dabei handelt es sich aber ausdrücklich nicht um die Steuerbilanz des Steuerpflichtigen. Der Steuerpflichtige kann und sollte diese Änderungen in seinen Steuerbilanzen für die Prüfungsjahre jedoch nachvollziehen, d. h. diese rückwärts gem. § 4 Abs. 2 Satz 1 EStG berichtigen. Dies ist auch möglich, da die steuerliche Außenprüfung (richtigerweise) nur Feststellungen trifft, die sich in änderbaren, also sog. „offenen" Veranlagungen steuerlich auswirken können. Die Frage einer Korrektur von nicht mehr änderbaren Veranlagungen sollte sich somit im Anschluss an eine Betriebsprüfung nicht stellen.

Die Korrektur nicht nachzuvollziehen wäre zwar grundsätzlich möglich, da die Berichtigung der Steuerbilanz ausdrücklich dem Steuerpflichtigen (und nicht dem Finanzamt) obliegt, es ist aber nicht sinnvoll, da ansonsten der Zusammenhang zwischen den Änderungen des Betriebsprüfers

9 Im vorliegenden Praxisfall gibt es eine solche mangels Überschreiten des Freibetrags von 24.500 € nicht.

10 Für eine allgemeine Ausführung zur Gewinnverteilung von Personengesellschaften vgl. *Eggert*, Gewinnverteilung bei Personengesellschaften, BBK 4/2017 S. 172 NWB BAAAG-37390.

11 Je nach verwendetem Buchungssystem kann die Buchung auf dem Konto 9530 erforderlich sein.

12 Je nach verwendetem Buchungssystem kann die Buchung auf dem Konto 9530 erforderlich sein.

13 Auch hier gilt, dass je nach verwendetem Buchungssystem die Buchung über das Konto 9570 erforderlich sein kann.

und dem nächsten Jahresabschluss fehlt. Insbesondere die Folgeauswirkungen der Betriebsprüfung werden durch die systematische Arbeitsweise besser beachtet. Die Korrektur in laufender Rechnung vorzunehmen, entspricht nicht den Regelungen zur Steuerbilanz.

IV. Zwischenjahre und steuerlicher Antrag

Nicht in allen Fällen liegt das Ergebnis der Betriebsprüfung so rechtzeitig vor, dass es bereits in den handelsbilanziellen Jahresabschluss des Folgejahres eingearbeitet werden kann. In diesen Fällen ist zu unterscheiden, ob

- der Jahresabschluss des Folgejahres noch nicht festgestellt (alternativ, falls dieser nicht festzustellen ist: unterzeichnet) war oder
- der Jahresabschluss zwar bereits festgestellt war und zugleich für die Änderung gewichtige, rechtliche, wirtschaftliche oder steuerrechtliche Gründe vorliegen oder
- der Jahresabschluss bereits festgestellt war und zugleich für die Änderung keine gewichtigen, rechtlichen, wirtschaftlichen oder steuerrechtlichen Gründe vorliegen.

In den ersten beiden Fällen wird der Jahresabschluss des Folgejahres nochmals geändert. Im letzten Fall, der in der Praxis zugleich der am häufigsten auftretende Fall ist, bleibt der Jahresabschluss des Folgejahres unverändert. Die Erfassung der Bp-Feststellungen erfolgt dann im nächsten, noch nicht festgestellten Jahresabschluss.

V. Fortführung des Praxisfalls

1. Sachverhalt

Sachverhalt wie im Ausgangs-Praxisfall (siehe Abschnitt II). Der Jahresabschluss 05 ist aber bereits festgestellt worden. Die Änderung des Betriebsprüfers in den Jahren 02 bis 04 ist als nicht gewichtig einzustufen. Die bisherige Veranlagung 05 (Gewerbesteuer- sowie Gewinnfeststellungsbescheid) wurde vom Finanzamt endgültig durchgeführt.

2. Gewinnauswirkungen

Die aufgezeigten einzelnen Schritte der Anpassung sind nunmehr für das Jahr 06 durchzuführen. Der Wert der Nachaktivierung 06 beträgt nicht mehr 1.600 €, sondern lediglich 800 €. Zugleich werden diese 800 € im Jahr 06 erfolgswirksam abgeschrieben. Auch die Gewerbesteueränderung ist zu erfassen.

HINWEIS:

Mit diesen Werten kann die Lösung – wie unter Abschnitt II – entwickelt werden. Zur Vermeidung von Wiederholungen wird von einer weiteren Berechnung und Wiedergabe der Buchungssätze abgesehen.

Zugleich ist aber zu prüfen, wie sich die Fortentwicklung der Werte bei der grundsätzlich steuerlich nicht mehr änderbaren Veranlagung des Jahres 05 auswirkt: Auch im Jahr 05 wären aufgrund der Nachaktivierung des Betriebsprüfers 800 € abzuschreiben gewesen. Dass diese Veranlagung endgültig erfolgt ist, stellt für die Änderung (des Jahres 05) kein Hindernis dar. Nach § 175 Abs. 1 Satz 1 Nr. 2 AO gilt nämlich Folgendes:

„(1) Ein Steuerbescheid ist zu erlassen, aufzuheben oder zu ändern, ... soweit ein Ereignis eintritt, das steuerliche Wirkung für die Vergangenheit hat (rückwirkendes Ereignis)."

Als rückwirkendes Ereignis gelten „alle rechtlich bedeutsamen Vorgänge, aber auch tatsächliche Lebensvorgänge, die steuerlich – ungeachtet der zivilrechtlichen Wirkungen – in der Weise Rückwirkung entfalten, dass nunmehr der veränderte anstelle des zuvor verwirklichten Sachverhalts der Besteuerung zugrunde zu legen ist".[14]

Die Korrektur des Betriebsvermögens hinsichtlich des Wertansatzes im Vorjahr, die sich wie hier auf den Gewinn des laufenden Jahres auswirkt, stellt nach Nr. 2.4 (erstes Beispiel) des AEAO zu § 175 AO und der dort zitierten BFH-Rechtsprechung ein solches rückwirkendes Ereignis dar. Das bedeutet, der Gewinnfeststellungsbescheid des Jahres 05 ist gem. § 175 Abs. 1 Satz 1 Nr. 2 AO i. H. von 800 € zugunsten des Steuerpflichtigen (niedrigerer Gewinn) zu ändern.[15] Der Gewerbesteuer-Messbetragsbescheid wird daraufhin nach § 35b Abs. 1 Satz 1 GewStG (von Amts wegen) geändert.

HINWEIS:

Nimmt die Finanzbehörde die Änderung des Gewinnfeststellungsbescheids nicht von Amts wegen vor, was nach der Erfahrung des Autors häufiger der Fall ist, sollte ein Antrag gestellt werden. Zu beachten ist nämlich, dass die **Festsetzungsfrist** mit Ablauf des Kalenderjahres, in dem das Ereignis eintritt, beginnt (§ 175 Abs. 1 Satz 2 AO). Der Antrag ist deshalb zeitnah und rechtzeitig zu stellen. Die Auswertung des Prüfungsberichts ist dafür ein geeigneter Anlass.

VI. Ausnahmetatbestände bei nicht üblichen Vorgängen

In den bisherigen Ausführungen wurde von in der Regel üblichen Vorgängen und Bp-Feststellungen ausgegangen, die sich nicht wesentlich auf die Vermögens-, Finanz- und Ertragslage auswirken. Leider ist dies nicht in allen Fällen gegeben, so dass für die Anpassung einer Betriebsprüfung auch die gravierenden Fälle zu betrachten sind.

1. Gravierende Auswirkung auf die Vermögens-, Finanz- und Ertragslage

Während für die Handelsbilanz relevante, aber zugleich nicht gravierende Bp-Folgeanpassungen in laufender Rechnung eingebucht werden, müssen Anpassungen, die sich so gewichtig auswirken, dass die Vermögens-, Finanz- und Ertragslage kein den tatsächlichen Verhältnissen entsprechendes Bild mehr vermittelt, rückwärts, d. h. im Fehlerjahr, berichtigt werden.

Eine Ausnahme hierzu gibt es, falls eine zeitnahe, den gesetzlichen Anforderungen entsprechende Informationsvermittlung, z. B. über einen Quartals- oder Halbjahresabschluss, erreicht werden kann.

14 AEAO zu § 175 Nr. 2.1 NWB RAAAE-63814.

15 Die Änderung der Gewerbesteuer-Rückstellung wirkt sich steuerlich nicht aus (§ 4 Abs. 5b EStG).

Beispiel ▶ Der Betriebsprüfer stellt im letzten Prüfungsjahr 04 der IT-AG fest, dass selbst erstellte Software nicht zum Anlagevermögen gehört, sondern aufgrund eines Kundenauftrags entwickelt wurde.[16] Der korrekte Bilanzansatz beträgt 1.187.600 €. Aufgrund der Nachaktivierung wurde zugleich eine Gewerbesteuer-Rückstellung mit 135.000 € passiviert.
Die Bilanzsumme der Einheitsbilanz vor der Betriebsprüfung betrug 1.865.050 €, der Jahresüberschuss 316.200 €. Eine Information der Aktionäre kann ausschließlich anlässlich der Hauptversammlungen stattfinden. Diejenige für das Abschlussjahr 04 hat bereits vor der Betriebsprüfung stattgefunden. Der Jahresabschluss wurde dort ohne jegliche Änderung festgestellt.

Der Jahresabschluss bietet kein den tatsächlichen Verhältnissen entsprechendes Bild der Vermögens- und Ertragslage (Auswirkung des Fehlers auf die Bilanzsumme und zugleich auf das Ergebnis der Gewinn- und Verlustrechnung). Er bietet darüber hinaus auch keinen korrekten Ausblick auf die Finanzlage, da er die Gewerbesteuer-Rückstellung nicht enthält, dieser Betrag aber kurzfristig abfließen wird.

Da es für die Aktionäre keine Informationsvermittlung gibt und auch keine Zwischenabschlüsse aufgestellt werden, ist der Abschluss des Jahres 04 anzupassen. Die Anpassung erfolgt also ausnahmsweise rückwärts (retrospektiv), d. h. im Fehlerjahr 04 und nicht im ersten offenen Abschluss (prospektiv).

2. Nichtige Abschlüsse

Ein nichtiger Jahresabschluss hat aufgrund seiner Nichtigkeit keine Rechtswirksamkeit. Er ist grundsätzlich durch einen ordnungsgemäßen Abschluss, der auch die Anpassungen an die Prüferbilanz enthält, zu ersetzen.[17]

Dabei ist zu prüfen, ob die Nichtigkeit noch geltend gemacht werden kann (§ 256 Abs. 6 AktG). Ist dies nicht der Fall, erfolgt die Fehlerkorrektur im letzten offenen Jahresabschluss. Damit sind die vorangegangenen Erläuterungen relevant.

FAZIT

Bei der Anpassung des Jahresabschlusses an die Ergebnisse einer Betriebsprüfung ist zu unterscheiden, ob die Anpassung in der Handels- oder in der Steuerbilanz vorgenommen werden muss. Anschließend ist zu klären, ob die Anpassung eine gewichtige Änderung ergibt. Schließlich sollte diese systematisch durchgeführt werden, um somit alle Änderungen und auch deren Folgeauswirkungen zu erfassen.

16 Steuerlich existiert für selbst erstellte immaterielle Vermögensgegenstände des Anlagevermögens ein Aktivierungsverbot; vgl. § 5 Abs. 2 EStG. Umlaufvermögen ist dagegen mit den Herstellungskosten zu aktivieren (§ 6 Abs. 1 Nr. 2 EStG i. V. mit § 255 Abs. 2 HGB und § 5 Abs. 1 Satz 1 Halbsatz 1 EStG).

17 Zu weiteren Details vgl. Abschnitt A.V, und IDW RS HFA 6, Rz. 15 ff., FN-IDW 5/2007 S. 265.

E. Änderungen von Aktivbilanzposten durch die steuerliche Außenprüfung

I. Gründe für die Erhöhung von Aktiva

1. Rechtliche Gründe

Die Feststellung des Betriebsprüfers, Aufwendungen wurden zu Unrecht als solche behandelt und sind richtigerweise zu aktivieren, gehört zu den Klassikern einer Betriebsprüfung. Hinsichtlich der theoretischen Grundlagen kommen insbesondere die Erweiterung eines Vermögensgegenstands oder die über seinen ursprünglichen Zustand hinausgehende wesentliche Verbesserung in Betracht.[1]

Des Weiteren werden aber auch nicht selten Anschaffungsnebenkosten nachaktiviert (§ 255 Abs. 1 Satz 2 HGB) und der Umfang der Herstellungskosten erweitert (vgl. § 255 Abs. 2 Satz 2 HGB). Die genannten Vorschriften des HGB gelten aufgrund der Maßgeblichkeit (§ 5 Abs. 1 Satz 1 Halbsatz 1 EStG) auch für die Steuerbilanz. Im Detail richtet sich der Prüfer üblicherweise nach den Vorgaben durch R 6.3 EStR und H 6.3 EStH. Insbesondere für Grundstücke kommt ergänzend die Beschäftigung mit R 6.4 EStR und H 6.4 EStH hinzu.

Eine rein steuerlich geltende Vorschrift dagegen ist § 6 Abs. 1 Nr. 1a EStG mit der Regelung zum anschaffungsnahen Herstellungsaufwand.[2] Unter Umständen sind (nach der Berufserfahrung des Autors) immer wieder Steuerpflichtige der Auffassung, dass die Anwendung der Norm vorwiegend der Betriebsprüfung zukommt, was selbstverständlich nicht korrekt ist. Anders scheint aber die Häufigkeit von Feststellungen zu diesem Komplex bei den infrage kommenden Sachverhalten nur schwer erklärbar zu sein.

2. Wirtschaftliche Gründe

Die wirtschaftlichen Gründe für Feststellungen im Bereich der Aktivaerhöhung sind einfach zu beschreiben: Die vom Steuerpflichtigen vorgenommene Aufwandsbuchung mindert den Gewinn und damit die Steuerlast. Die Nachaktivierung des Betriebsprüfers erhöht beides. Damit soll weder behauptet werden, die fehlerhafte Behandlung des Steuerpflichtigen resultierte ausschließlich aus dem Gedanken der Steuerminderung, noch die des Betriebsprüfers aus der Steuererhöhung. Maßstab für beide muss die rechtmäßige Anwendung von Steuergesetzen sein.

II. Systematik der Anpassung

Folgende Systematik, die in Form von Fragen „abgearbeitet" werden kann, hat sich bei der Anpassung bewährt:

- Erfolgt die Anpassung in laufender Rechnung (üblicherweise Handelsbilanz) oder noch in den Jahresabschlüssen der Prüfungsjahre (üblicherweise Steuerbilanz)?
- Welche Bilanzposten müssen angepasst werden?

1 Vgl. hierzu den Herstellungskostenbegriff des § 255 Abs. 2 Satz 1 HGB.
2 Vgl. *Cremer*, Anschaffungsnahe Aufwendungen, Lexikon NWB OAAAG-58875.

- Welche Auswirkungen ergeben sich bei Kapitalgesellschaften auf den Gewinnvortrag bzw. den Bilanzgewinn und bei Personenunternehmen auf das Kapital sowie ergänzend bei Personengesellschaften auf die Gewinnverteilung und ggf. die Gesellschafterdarlehenskonten?
- Was wurde bisher ggf. schon gebucht?
- Wie hätte richtigerweise gebucht werden müssen?
- Welche Gewinnauswirkung ergibt sich aus der bisher fehlerhaften Behandlung und deren Korrektur?
- Muss – um eine Doppelberücksichtigung zu vermeiden – eine außerbilanzmäßige Korrektur erfolgen?
- Gibt es Folgeauswirkungen aus der Anpassung?

Die Fragen sollten sich die Buchhalter bzw. Jahresabschlussersteller zwar alle stellen, sie müssen aber nicht zwingend von jedem so beantwortet werden, dass sich daraus auch ein Handlungsbedarf ergibt.

III. Praxisfall

1. Sachverhalt

Bei der A-GmbH wurden nach der Anschaffung eines bebauten Grundstücks am 1.1.01 für 800.000 €, wovon 600.000 € auf das Gebäude entfielen, erhebliche Renovierungskosten aufgewendet. Diese betrugen 02 insgesamt 130.000 € und 03 nochmals 60.000 €. Die A-GmbH buchte alle Renovierungskosten als Reparatur und Instandhaltung von Bauten auf das Konto 6450.

Die Jahresabschlüsse 01 bis 03 sind endgültig festgestellt. Die A-GmbH hat in der Variante I eine Einheitsbilanz aufgestellt bzw. in der Variante II jeweils eine gesonderte Handels- und Steuerbilanz erstellt.

Folgen aus der Betriebsprüfung (vgl. Abschnitt III.2) in Form von Anpassungsbuchungen hat die GmbH in der Buchhaltung des Jahres 04 keine gezogen.

2. Feststellung des Betriebsprüfers und Prüferbilanz

Der Betriebsprüfer aktivierte die als Reparaturen gebuchten Aufwendungen anlässlich der im Juni 04 durchgeführten Betriebsprüfung zu den ursprünglichen Gebäudeanschaffungskosten auf dem Konto 0240 Geschäftsbauten, da 15 % der Anschaffungskosten überschritten waren. Er schrieb sie jeweils vom Jahresanfang an entsprechend R 7.4 Abs. 9 Satz 3 EStR korrekt – aufgrund des Baujahrs – mit 2,5 % (§ 7 Abs. 4 Nr. 2 Buchst. b EStG) ab.

Für die Jahresabschlüsse ist die Änderung als nicht bedeutsam einzustufen, da die Jahresüberschüsse über 1 Mio. € betragen, das Eigenkapital über 6 Mio. € und die Bilanzsumme mehr als 20 Mio. € beträgt.

Der Bilanzposten „Geschäftsbauten“ wurde in der Prüferbilanz wie folgt entwickelt:

Handels-/Steuerbilanz bisher	01	02	03
Wert 1.1.	600.000 €	585.000 €	570.000 €
AfA 2,5 %	-15.000 €	-15.000 €	-15.000 €
Bilanzwert 31.12.	585.000 €	570.000 €	555.000 €
Prüferbilanz			
Wert 1.1. Handels-/Steuerbilanz	600.000 €	585.000 €	696.750 €
Nachaktivierung		130.000 €	60.000 €
AfA 2,5 %	-15.000 €	-18.250 €	-19.750 €
Bilanzwert 31.12.	585.000 €	696.750 €	737.000 €

Die AfA-Bemessungsgrundlage wurde mit 600.000 € im Jahr 01, mit 730.000 € im Jahr 02 (600.000 € aus 01 zzgl. Nachaktivierung 02 i. H. von 130.000 €) und 790.000 € im Jahr 03 (Stand 02 mit 730.000 € zzgl. nachträgliche Herstellungskosten 03) ermittelt. Unter Ansatz von 2,5 % AfA ergaben sich die o. g. AfA-Beträge.

Die bei der Bilanzpostenmethode übliche Gegenüberstellung des Handels-/Steuerbilanz- und des Prüferbilanzansatzes ergab folgende Gewinnunterschiede:

	01	02	03
Handels-/Steuerbilanz	585.000 €	570.000 €	555.000 €
Prüferbilanz	585.000 €	696.750 €	737.000 €
Unterschied	---	126.750 €	182.000 €
Vorjahresunterschied	---	---	-126.750 €
Gewinnunterschied	**---**	**126.750 €**	**55.250 €**

Der Gewinnunterschied erklärt sich nach der GuV-Methode wie folgt:

weniger Reparaturen	---	130.000 €	60.000 €
mehr AfA	---	-3.250 €	-4.750 €
	---	**126.750 €**	**55.250 €**

Aufgrund der Nachaktivierung hat der Betriebsprüfer (als einzige weitere Feststellung)[3] in der Betriebsprüfung noch die „Steuerrückstellungen aufgrund Betriebsprüfung" wie folgt erfasst:

3 Der Betriebsprüfer hat keine Zinsen für die Steuernachforderungen des Finanzamts und der Gemeinde erfasst, weil sich die Verzinsung gem. § 233a AO erst nach Ablauf von 15 Monaten ergibt. Das heißt, die Verzinsung erfolgt für die Nachzahlung 02 erstmals ab dem 1.4.04; diejenige für 03 ergibt sich ohnehin erst ab dem 1.4.05 und damit deutlich nach dem Ende des Prüfungszeitraums.

	01	02	03
Handels-/Steuerbilanz	---	---	---
Prüferbilanz	---	-38.025 €	-54.600 €
Unterschied	---	-38.025 €	-54.600 €
Vorjahresunterschied	---	---	38.025 €
Gewinnunterschied	**---**	**-38.025 €**	**-16.575 €**

Die Steuerbelastung und damit der weitere Gewinnunterschied ergaben sich i. H. von 30 % (Körperschaftsteuer, Solidaritätszuschlag dazu und Gewerbesteuer) der oben beschriebenen Gewinnerhöhung.

Als Folge der vom Betriebsprüfer vorgenommenen Änderungen war als Gegenposition auch der Bilanzgewinn zum 31.12.03 in folgender Höhe neu zu berechnen:

- Geschäftsbauten 31.12.03 vor Betriebsprüfung	555.000 €	
- Geschäftsbauten 31.12.03 nach Betriebsprüfung	737.000 €	
Unterschied		182.000 €
- Steuerrückstellung aufgrund Betriebsprüfung vor Betriebsprüfung	---	
- Steuerrückstellung aufgrund Betriebsprüfung nach Betriebsprüfung	-54.600 €	
Unterschied		-54.600 €
Saldo = Erhöhung Bilanzgewinn		**+127.400 €**

3. Steuerbescheide aufgrund der Betriebsprüfung

Die Steuerbescheide aufgrund der Betriebsprüfung wurden im September 04 zulässig gem. § 164 Abs. 2 AO vom Finanzamt geändert. Die Zahlung der Steuern erfolgt im Oktober 04 und wurde gegen die Konten 7603 Körperschaftsteuer für Vorjahre, 7609 Solidaritätszuschlag für Vorjahre und 7641 Gewerbesteuernachzahlungen und Gewerbesteuererstattungen für Vorjahre, § 4 Abs. 5b EStG gebucht. Die Zahlungen entsprachen der vom Betriebsprüfer gebildeten Rückstellung.

Weiterhin erfolgt die Zahlung der Zinsen gem. § 233a AO. Dieser Betrag wurde auf dem Aufwandskonto 7308 Zinsaufwendungen § 233a AO nicht abzugsfähig erfasst.

4. Anpassung der Handelsbilanz

Die Anpassung der Handelsbilanz erfolgt, da diese Abschlüsse für die Jahre 01 bis 03 bereits festgestellt wurden und zugleich die Anpassung des Betriebsprüfers nicht zur Nichtigkeit der bisherigen Jahresabschlüsse führte („nicht bedeutsam"), in laufender Rechnung und damit im Jahr 04. Damit ist eine aufwandswirksame Erfassung gemeint. Es ist deshalb wie folgt zu buchen:

0240	Geschäftsbauten	182.000 €	an	4910	Erträge aus Zuschreibungen des Sachanlagevermögens	182.000 €

Die laufende Aufwandsbuchung in der bisherigen Buchhaltung der GmbH hinsichtlich der Steuernachzahlungen unterscheidet sich nicht grundsätzlich von der Buchung, die erforderlich gewesen wäre, falls es noch keine Zahlung gegeben hätte. Die GmbH hat den Steueraufwand als Aufwand (für Vorjahre) gegen das Bankkonto gebucht. Ohne die Zahlung hätte die Anpassungsbuchung gegen das Konto Steuerrückstellungen (Konto 3020) erfolgen müssen. An der dennoch korrekten Erfassung als laufender Aufwand ändert dies aber nichts. Eine weitere Buchung ist deshalb nicht vorzunehmen.

Die Erfassung des Zinsaufwands gem. § 233a AO ist ebenfalls richtig. Diese Aussage ergibt sich alleine deshalb, weil die Verzinsung für das Jahr 02 ab dem 1.4.04 auch erst im laufenden Jahr 04 einen Aufwand darstellt. Der Betriebsprüfer hat diesen deshalb zu Recht nicht zurückgestellt.

Die Behandlung des Zinsaufwands im Rahmen einer Bp-Anpassung ergäbe sich jedoch (anders als im Sachverhalt hier) regelmäßig für Feststellungen bzgl. des ersten Jahres des Prüfungszeitraums, da dessen Verzinsung im dritten Jahr des Prüfungszeitraums am 1.4. beginnt.[4] Der Prüfer wird also – soweit Feststellungen für das erste Prüfungsjahr vorhanden sind – diesen Zinsaufwand für neun Monate im dritten Prüfungsjahr zurückzustellen haben. In der Handelsbilanz läge damit aufgrund der Anpassung ein in laufender Rechnung zu buchender Zinsaufwand vor. Gleiches gilt für die Zinsen, die anfallen, soweit die Verzinsung über das Prüfungszeitraumende hinaus bis zur Bescheiderteilung erfolgt.

5. Anpassung der Steuerbilanz

5.1 Erstellung einer Einheitsbilanz – Variante I

Wird keine gesonderte Steuerbilanz aufgestellt und dient deshalb die Handelsbilanz zugleich als Einheitsbilanz[5], sind die ertragswirksamen Buchungen, die in der Handelsbilanz entweder als Anpassung oder laufend in der regulären Buchhaltung erfolgt sind, aber vom Betriebsprüfer bereits in der Prüferbilanz erfasst wurden, steuerlich zu korrigieren, d. h. außerbilanzmäßig abzurechnen. Ansonsten würden sie – nach den Jahren 02 und 03 – nochmals versteuert werden. Die steuerliche Abrechnung berechnet sich mit dem Betrag, um den auch der Bilanzgewinn vom Betriebsprüfer korrigiert worden ist, hier also 127.400 € (vgl. hierzu Abschnitt III.2). Die Abrechnung erfolgt gem. § 60 Abs. 2 Satz 1 EStDV.

4 Die Aussage unterstellt einen dreijährigen Prüfungszeitraum gem. § 4 Abs. 3 Satz 1 BpO. Bei einem darüber hinausgehenden Prüfungszeitraum, z. B. nach § 4 Abs. 3 Satz 2 BpO oder § 4 Abs. 2 BpO, sind entsprechend weitere Jahre zu verzinsen.

5 Vgl. *Kirsch*, Einheitsbilanz, infoCenter NWB VAAAC-45533.

HINWEIS:

Insbesondere bei programmgesteuerten Zurechnungen des laufenden Gewerbesteuer- und/oder Körperschaftsteueraufwands ist darauf zu achten, dass **keine doppelte Korrektur** erfolgt. Die Steuerrückstellungen aufgrund der Betriebsprüfung in der Prüferbilanz wurden in laufender Rechnung bei der Zahlung eingebucht (Aufwand) und zugleich nach § 60 Abs. 2 Satz 1 EStDV korrigiert (Ertrag). Sie sind insoweit nicht nochmals deshalb zu korrigieren, weil der Körperschaftsteuer- und Gewerbesteueraufwand gem. § 10 Nr. 2 KStG und § 4 Abs. 5b EStG steuerlich nicht abzugsfähig ist.

5.2 Erstellung einer gesonderten Steuerbilanz – Variante II

Erstellt die GmbH dagegen eine gesonderte Steuerbilanz, gilt für diese die Korrektur in Form einer sog. Rückwärtsberichtigung, weil die Veranlagungen noch nach § 164 Abs. 2 AO geändert werden konnten. Die Steuerbilanzen 02 und 03 sind somit an die Prüferbilanzen anzupassen. Damit ergibt sich der – wie in der Prüferbilanz – erhöhte Bilanzgewinn von 127.400 €. Dieser wird – neben dem korrigierten Kontowert für die Geschäftsbauten (und allen weiteren Kontowerten) – als Eröffnungsbilanzwert in das Jahr 04 gem. § 252 Abs. 1 Nr. 1 HGB i. V. mit § 5 Abs. 1 Satz 1 Halbsatz 1 EStG vorgetragen.

Das bedeutet für die Steuerzahlungen aufgrund der Betriebsprüfung aber auch, dass diese nicht als Aufwand zu erfassen sind (wie das in der laufenden Buchhaltung geschehen ist), sondern gegen die Rückstellung auszubuchen sind. Folgende Korrekturbuchung muss deshalb vorgenommen werden:

7603	KSt Vorjahre					
7609	SolZ Vorjahre					
7641	GewSt-Nachzahlung	54.600 €	an	3020	Steuerrückstellungen	54.600 €

Die Buchung der Zinsen nach § 233a AO als Aufwand ist für die Steuerbilanz korrekt; zur Begründung siehe oben.

5.3 Folgeauswirkungen

Im Jahr 04 ist in beiden Varianten zu beachten, dass durch die Prüferfeststellung die AfA-Bemessungsgrundlage erhöht wurde. Sie beträgt nunmehr 790.000 € und zieht eine AfA von 19.750 € nach sich. Da in der Buchhaltung 04 noch der „alte“ Wert von 15.000 € erfasst worden ist, sind zusätzlich 4.750 € an AfA zu erfassen:

6221	Abschreibungen auf Gebäude	4.750 €	an	0240	Geschäftsbauten	4.750 €

Selbstverständlich beeinflusst diese Buchung wiederum den Gewerbesteuer- und Körperschaftsteueraufwand des laufenden Jahres.

IV. Verminderung von Aktiva

Ohne Zweifel ist die Betriebsprüfung verpflichtet, auch Feststellungen zugunsten des Steuerpflichtigen zu treffen (vgl. § 88 Abs. 1 AO). Damit findet sich auch der umgekehrte Fall, nämlich die Verminderung von Aktiva, in den Prüfungsfeststellungen. Da auf solche Sachverhalte aber Steuerpflichtige und deren Berater aufgrund der daraus resultierenden Steuerminderung deutlich „besser" achten als auf die Erhöhung von Aktiva, sind Feststellungen dieser Art deutlich seltener anzutreffen.

Die Behandlung erfolgt analog zu der im Abschnitt II geschilderten Systematik. Unterschiede sind bei der Anpassung im Grundsatz nicht vorhanden.

FAZIT

Die Anpassung einer von der steuerlichen Außenprüfung geänderten Bilanzposition im Aktiva sollte immer systematisch erfolgen. Nur so ist sichergestellt, dass keine Nicht- oder eine Doppelerfassung erfolgt.

Bei der Anpassung muss streng danach unterschieden werden, ob die Korrektur in der Handels-, Steuer- oder Einheitsbilanz erfolgt. Entsprechend dieser Unterscheidung sind für steuerliche Zwecke ggf. zusätzliche Korrekturen außerhalb des Jahresabschlusses notwendig.

F. Änderungen von Passivbilanzposten durch die steuerliche Außenprüfung

I. Gründe für die Verminderung von Passiva

Die rechtlichen Gründe für die Verminderung von Passiva sind in einer nicht dem Gesetz entsprechenden Bilanzierung zu suchen. Hierbei kann es sich sowohl um Ansatz- als auch um Bewertungsfragen handeln. Häufig ist der Auslöser von Bp-Feststellungen im Bereich der Passiva entweder die unzureichende Beschäftigung mit den Sonderregelungen des Steuerrechts oder die Aufstellung einer Einheitsbilanz, welche den steuerlichen Abweichungen zu wenig Beachtung schenkt.

1. Ansatzfragen

Ein Ansatz kann aus Sicht der Betriebsprüfung zu korrigieren sein, weil er insbesondere gegen folgende Regelungen[1] verstößt:

Inhalt	Regelung
Schulden sind (nur) in der Bilanz des Schuldners aufzunehmen.	§ 246 Abs. 1 Satz 2 HGB
Rückstellungen wurden für andere Zwecke als diejenigen in § 249 Abs. 1 HGB gebildet. Hierunter fallen insbesondere Rückstellungen für Aufwendungen künftiger Geschäftsjahre.	§ 249 Abs. 2 HGB
Ansatz einer Verpflichtung, obwohl deren Erfüllung von künftigen Einnahmen oder Gewinnen abhängt und diese noch nicht gegeben sind.	§ 5 Abs. 2a EStG
Die Voraussetzungen für eine Rückstellungsbildung aufgrund der Verletzung von Patent-, Urheber- oder ähnlichen Schutzrechten lagen nicht vor, d. h., die Ansprüche wurden (noch) nicht geltend gemacht und/oder mit einer Inanspruchnahme war nicht ernsthaft zu rechnen. Es kommt aber auch vor, dass zwar die Bildung zulässig gewesen ist, aber die Auflösung nach dem Satz 2 der Vorschrift hätte erfolgen müssen, diese jedoch versäumt wurde. Werden nämlich die Ansprüche nicht geltend gemacht, ist die gebildete Rückstellung spätestens in der Bilanz des dritten auf ihre erstmalige Bildung folgenden Wirtschaftsjahres gewinnerhöhend aufzulösen.	§ 5 Abs. 3 EStG

1 Vorschriften des HGB wurden hier nur genannt, soweit sie aufgrund der Maßgeblichkeit gem. § 5 Abs. 1 Satz 1 Halbsatz 1 EStG eine Bedeutung für die Steuerbilanz haben.

Inhalt	Regelung
Bei der Rückstellungsbildung aufgrund von Zuwendungen anlässlich eines Dienstjubiläums lagen die Anforderungen des EStG nicht vor: ► Dienstverhältnis hat mindestens zehn Jahre bestanden, ► das Dienstjubiläum setzt das Bestehen eines Dienstverhältnisses von mindestens 15 Jahren voraus, ► die Zusage wurde schriftlich erteilt und ► der Zuwendungsberechtigte erwirbt seine Anwartschaft nach dem 31.12.1992.	§ 5 Abs. 4 EStG
Rückstellungen für drohende Verluste aus schwebenden Geschäften dürfen steuerlich überhaupt nicht angesetzt werden.	§ 5 Abs. 4a EStG
Steuerlich dürfen keine Rückstellungen für Anschaffungs- oder Herstellungskosten gebildet werden (Satz 1) bzw. Rückstellungen für die Verpflichtung zur schadlosen Verwertung radioaktiver Reststoffe sowie ausgebauter oder abgebauter radioaktiver Anlagenteile dürfen nicht gebildet werden, soweit Aufwendungen im Zusammenhang mit der Bearbeitung oder Verarbeitung von Kernbrennstoffen stehen, die aus der Aufarbeitung bestrahlter Kernbrennstoffe gewonnen worden sind und keine radioaktiven Abfälle darstellen (Satz 2).	§ 5 Abs. 4b EStG
Übernommene Verpflichtungen dürfen in der ersten Schlussbilanz des die Verpflichtung Übernehmenden nur unter Beachtung von steuerlichen Ansatzrestriktionen angesetzt werden.	§ 5 Abs. 7 EStG
Die Absätze 1 und 2 enthalten Voraussetzungen zur Bildung einer Pensionsrückstellung und damit letztlich Ansatzrestriktionen.	§ 6a EStG

2. Bewertungsfragen

Grund für eine abweichende Bewertung einer Schuldposition durch den Betriebsprüfer ist insbesondere die Nichtbeachtung der Vorgaben von § 6 EStG durch den Steuerpflichtigen:

Inhalt	Regelung
Die Voraussetzungen für eine Bewertung mit dem höheren[2] Teilwert liegen nicht vor, weil z. B. die Wertminderung nur vorübergehend ist.	§ 6 Abs. 1 Nr. 1 und 2 EStG
Verbindlichkeiten und Rückstellungen wurden nicht oder nicht mit 5,5 %, sondern insbesondere mit dem Zinssatz der Bundesbank (§ 253 Abs. 2 Satz 1 und 4 HGB) abgezinst – relevant bei einer Laufzeit ab einem Jahr.	§ 6 Abs. 1 Nr. 3 und 3a Buchst. e EStG
Vergangenheitserfahrungen zur Rückstellungsbewertung wurden außer Acht gelassen.	§ 6 Abs. 1 Nr. 3a Buchst. a EStG
Künftige Vorteile wurden nicht rückstellungsmindernd berücksichtigt.	§ 6 Abs. 1 Nr. 3a Buchst. c EStG
Rückstellungen wurden nicht in Raten angesammelt.	§ 6 Abs. 1 Nr. 3a Buchst. d EStG
Die Rückstellung wurde nicht mit Preis- und Kostenverhältnissen des Bilanzstichtags bewertet.	§ 6 Abs. 1 Nr. 3a Buchst. f EStG

Daneben gibt es die Fälle der Passivierung von Schuldpositionen, die steuerlich nicht zum Betriebsvermögen gehören, d. h., Schulden des Privatbereichs werden unzulässig in den Betrieb „verlagert", sowie die abweichende Bewertung von Pensionsrückstellungen gem. § 6a Abs. 3 EStG.

Auch zu Unrecht gebildete Rücklagen gem. § 6b EStG und R 6.6 EStR[3] werden von Prüfern festgestellt.[4] Dagegen werden sich diese nur im Ausnahmefall mit den Bewertungsvorschriften des HGB befassen, weil – wie aufgezeigt – das ertragsteuerliche Bewertungsrecht überwiegend eigenständige Regelungen hat, welche der Maßgeblichkeit vorgehen (§ 5 Abs. 1 Satz 1 Halbsatz 2 EStG).

HINWEIS:

Zu den wirtschaftlichen Gründen der Bp-Feststellungen bzw. der abweichenden Handhabung durch die Steuerpflichtigen sowie der Anpassungssystematik wird zur Vermeidung von Wiederholungen auf den Vorgänger-Beitrag zur Änderung von Aktivbilanzposten verwiesen.

II. Ausgangssachverhalt

Bei der geprüften A-GmbH akzeptierte der Betriebsprüfer im letzten Prüfungsjahr 03 (Prüfungszeitraum 01 bis 03) zwei sonstige Rückstellungen in der aufgestellten Handelsbilanz nicht. Eine

2 Die Teilwertbewertung ist auch bei Passivpositionen möglich. Im Gegensatz zu den Aktiva, wo der Steuerpflichtige den niedrigeren Teilwert ansetzen kann (Wahlrecht), muss im Passiva der Teilwert höher sein, damit die Möglichkeit eines Teilwertansatzes besteht und es somit zu einer Gewinnminderung kommt.

3 Rücklage für Ersatzbeschaffung.

4 Vgl. *Kolbe,* Reinvestitionsrücklage § 6b (EStG), infoCenter NWB RAAAB-14448.

eigene Steuerbilanz wurde nicht erstellt. Abweichungen wurden von der GmbH außerbilanziell bei der Erstellung der Steuererklärungen nicht berücksichtigt. Die Handelsbilanz stellte aufgrund der Handhabung also zugleich die sog. Einheitsbilanz dar.

- Rückstellung I: Der Aufwand von 15.600 € für eine Dachreparatur ist zwar in der zurückgestellten Höhe im Jahr 04 angefallen und wurde deshalb schon bisher im Jahr 04 gegen die im Jahr 03 gebildete Rückstellung ausgebucht, es gab aber 03 noch keine rechtliche Begründung, die Rückstellung zu bilden. Tatsächlich entstand nämlich – entgegen der ursprünglichen Planung, die eine Reparatur im Februar 04 vorsah – der Aufwand erst im Juli 04.
- Rückstellung II: Die Urlaubsrückstellung des Jahres 03 wurde handelsrechtlich korrekt mit den Gehaltskosten des Jahres 04 bewertet,[5] da aber die Gehälter 03 niedriger lagen, erfolgte steuerlich die Anerkennung statt mit den gebildeten 34.600 € nur mit 32.100 €. Der Abschlag von 2.500 € entspricht der Gehaltssteigerung im Jahr 04. Nachrichtlich ist noch zu ergänzen, dass die Urlaubsrückstellung 04 in der Einheitsbilanz korrekt 37.100 € beträgt und der richtige steuerliche Wert 35.000 € ist.

Der Bilanzposten „Sonstige Rückstellungen" wurde in der Prüferbilanz wie folgt entwickelt:

	Jahr 03
Sonstige Rückstellungen Handelsbilanzwert	89.750 €
abzgl. Differenz Rückstellung I	-15.600 €
abzgl. Differenz Rückstellung II	-2.500 €
Prüferbilanz	71.650 €
Unterschied	18.100 €
Vorjahresunterschied[6]	–
Gewinnunterschied	**18.100 €**

Weitere Feststellungen zuungunsten der A-GmbH wurden nicht getroffen.

Bezogen auf die Handelsbilanz haben die Prüferfeststellungen das Bild von der Vermögens-, Finanz- und Ertragslage nicht wesentlich verändert. Die Handelsbilanz 03 ist von der Gesellschafterversammlung bereits vor der Betriebsprüfung festgestellt worden.

Der positive Gewinnunterschied im Jahr 03 erklärt sich vor Steuern problemlos wie folgt:

weniger Reparaturen	+15.600 €
weniger Gehaltsaufwand	+2.500 €
	+18.100 €

Der Betriebsprüfer hat die Position „Steuerrückstellungen aufgrund Betriebsprüfung" (ebenfalls im Jahr 03) i. H. von 5.430 € (30 % der Gewinnänderung) in der Prüferbilanz gewinnmindernd

5 Vgl. § 253 Abs. 1 Satz 2 HGB.

6 Hier nicht relevant, aber aus Gründen der Systematik dargestellt.

passiviert. Der Bilanzgewinn erhöhte sich folglich in der Prüferbilanz um +18.100 € - 5.430 € = + 12.670 €.

Die Steuerbescheide aufgrund der Betriebsprüfung wurden im November 04 zulässig gem. § 173 Abs. 1 Nr. 1 AO geändert. Die GmbH bezahlte die Steuern im Dezember 04 und buchte die Zahlung gegen die Konten

- 7603 Körperschaftsteuer für Vorjahre,
- 7609 Solidaritätszuschlag für Vorjahre und
- 7641 Gewerbesteuernachzahlungen und Gewerbesteuererstattungen für Vorjahre, § 4 Abs. 5b EStG.

Die Zahlungen wichen von der Rückstellung nicht ab.

III. Anpassung der Handelsbilanz

1. Erstellung einer Einheitsbilanz

Die Erstellung einer sog. Einheitsbilanz bedeutet, dass eine Handelsbilanz erstellt wird, die auch für steuerliche Zwecke verwendet wird, weil es entweder keine Abweichungen gibt oder diese außerbilanzmäßig ermittelt werden (vgl. § 60 Abs. 2 Satz 1 EStDV). Dies wiederum führt dazu, dass diese Bilanz nach den Vorgaben zur Korrektur einer Handelsbilanz anzupassen ist. Die Anpassung erfolgt in laufender Rechnung, also gewinnwirksam.

Die Rückstellung I (Dachreparatur) wurde von der GmbH im Jahr 04 bisher wie folgt gebucht:

3070	Sonstige Rückstellungen	15.600 €				
1406	Abziehbare Vorsteuer 19 %	2.964 €	an	1800	Bank	18.564 €

Da die Bp-Feststellung auch handelsrechtlich als richtig anzusehen ist, weil die Reparatur nicht innerhalb der ersten drei Monate des neuen Geschäftsjahres ausgeführt wurde, ist sie auch in der Handelsbilanz zu erfassen und nachzuvollziehen. Diese Anpassung an die Bp-Feststellung ist deshalb wie folgt zu buchen:

3070	Sonstige Rückstellungen	15.600 €	an	4930	Erträge aus der Auflösung von Rückstellungen	15.600 €

Diese Buchung führt aber dazu, dass nun aufgrund der doppelten Buchung im Soll auf dem Konto „Sonstige Rückstellungen" ein falscher Saldo von 15.600 € steht. Er ist also zusätzlich durch eine zweite Anpassung (Folgeanpassung) zu korrigieren. Da tatsächlich im Jahr 04 ein Reparaturaufwand vorhanden gewesen ist, dieser aber bisher in der Gewinn- und Verlustrechnung noch nicht erfasst wurde, stellt dieses Konto das weitere Konto der Buchung dar.

6450	Reparaturen und Instandhaltung von Bauten	15.600 €	an	3070	Sonstige Rückstellungen	15.600 €

Die Konten nach den Buchungen weisen folgende Bewegungen auf:[7]

Sonstige Rückstellungen			
bisher	15.600 €	EB-Wert	15.600 €
Bp-Anpassung 1	15.600 €	Bp-Anpassung 2	15.600 €
Summe	**31.200 €**	**Summe**	**31.200 €**

Erträge aus der Auflösung von Rückstellungen			
		Bp-Anpassung 1	15.600 €

Reparaturen und Instandhaltung von Bauten			
Bp-Anpassung 2	15.600 €		

Werden die Gewinnauswirkungen betrachtet, ergibt sich folgendes Bild:

Im Jahr 03 wurde (verkehrt) Reparaturaufwand von 15.600 € erfasst. Im Jahr 04 wurde dieser Aufwand durch eine Ertragsbuchung korrigiert (Ertrag aus der Auflösung von Rückstellungen), womit sich der Fehler aus 03 im Jahr 04 – zeitversetzt – aufgehoben hat. Die Erfassung von Reparaturaufwand im Geschäftsjahr 04 führt zum einen zum richtigen Aufwand von 15.600 € und zum anderen im richtigen Jahr 04.

Eine andere Lösung ergibt sich zur Korrektur der Urlaubsrückstellung durch den Betriebsprüfer. Hier erfolgt in der Handelsbilanz keine Änderung und damit keine Übernahme des Prüferbilanzansatzes! Dies liegt daran, dass der passivierte Wert handelsrechtlich richtig bewertet wurde und somit kein Grund vorhanden ist, die handelsrechtliche Rückstellung zu ändern.

Die bereits in der Buchhaltung der GmbH vorgenommene laufende Buchung der von der Betriebsprüfung ausgelösten Steuernachzahlung für 03 im Jahr 04 hätte in Form einer Anpassungsbuchung auch nicht anders erfolgen müssen. Eine weitere Korrektur ist deshalb auch hier nicht erforderlich.

2. Systematik der Anpassung

Anhand der vom Autor empfohlenen Systematik zur Anpassung[8] wird noch überprüft, ob weitere Anpassungen erfolgen müssen:

- Die Anpassung wurde in laufender Rechnung ausgeführt (siehe hierzu oben).
- Die Anpassung der Bilanzposten ist soweit erforderlich ebenfalls durch die aufgezeigten Buchungen erfolgt.
- Die Auswirkung auf den Bilanzgewinn (bzw. Gewinnvortrag) hat sich automatisch durch die Anpassungsbuchung im Jahr 04 ergeben.

7 Darstellung ohne Bank und Vorsteuer, da hier die ursprüngliche Buchung nicht korrigiert wurde.

8 Vgl. Abschnitt E.II.

- Auch wurden die bisherigen Buchungen überprüft und die notwendigen Anpassungsbuchungen vorgenommen.
- Die handelsrechtlich korrekten Gewinnauswirkungen haben sich durch die Buchungen „von selbst“ ergeben.
- Zu klären ist somit insbesondere noch, ob es eine Doppelberücksichtigung gegeben hat, die – weil lediglich eine Einheitsbilanz aufgestellt wird – außerbilanzmäßig zu korrigieren ist: Der Betriebsprüfer hat die Rückstellung 03 erfolgswirksam aufgelöst, also den Aufwand nicht zum Abzug zugelassen. Im Jahr 04 hat sich aus der Auflösung der Rückstellung ein Ertrag und aus der Buchung der Reparaturen ein Aufwand ergeben. Per saldo haben sich folglich die Reparaturen noch nicht gewinnmindernd ausgewirkt. Deshalb ist für steuerliche Zwecke eine außerbilanzmäßige Abrechnung – des Ertrags aus der Auflösung von Rückstellungen – i. H. von 15.600 € im Rahmen der Steuererklärungen 04 dem Finanzamt mitzuteilen.

3. Folgeauswirkungen

Letztlich ist noch zu klären, ob es Folgeauswirkungen aus der Betriebsprüfung gibt. Hierbei muss noch die Urlaubsrückstellung betrachtet werden. Zunächst wird systematisch der Gewinnunterschied ermittelt:

	Jahr 03	**Jahr 04**
Handelsbilanz	34.600 €	37.100 €
Steuerbilanz	32.100 €	35.000 €
Unterschied	2.500 €	2.100 €
Vorjahresunterschied	–	-2.500 €
Gewinnunterschied	**2.500 €**	**-400 €**

Hätte es die Betriebsprüfung nicht gegeben, wäre vermutlich der Fehler aus dem Jahr 03 (Bewertung der Urlaubsrückstellung nach den Vorschriften des HGB anstatt nach denen des EStG) wiederholt worden. Die Gewinnauswirkung aus den unterschiedlichen Handelsbilanzwerten, die auch tatsächlich Eingang in die Gewinn- und Verlustrechnung 04 gefunden hat, beträgt -2.500 € (Anstieg der Rückstellung von 34.600 € auf 37.100 €).

Wäre eine gesonderte Steuerbilanz aufgestellt worden, hätte sich eine Differenz von 35.000 € - 32.100 € = 2.900 € ergeben. Hierbei ist berücksichtigt, dass die Steuerbilanz rückwirkend an die Prüferbilanz angepasst wird (bzw. angepasst werden kann). Die Abrechnung von -400 € ist folglich korrekt, da keine Anpassung an die Prüferfeststellung erfolgte (siehe oben), in der Gewinn- und Verlustrechnung sich -2.500 € bereits ausgewirkt haben, aber tatsächlich steuerlich der Aufwand 2.900 € beträgt.

Im Jahr 04 liegt also i. H. von -400 € eine außerbilanzmäßige Abrechnung nach § 60 Abs. 2 Satz 1 EStDV vor. Diese wiederum beeinflusst die Rückstellungen 04 für Körperschaftsteuer (inkl. Solidaritätszuschlag) und Gewerbesteuer.

HINWEIS:

Diese drei Sachverhalte zeigen auf, dass die Korrektur immer vom Sachverhalt im Einzelfall abhängig ist. Von entscheidender Bedeutung ist dabei auch, welche Weiterentwicklung es im Folgejahr bereits in der laufenden Erfassung gegeben hat. Eine systematische Korrektur ist empfehlenswert, eine schematische zu vermeiden!

FAZIT

Die Anpassung von Passivbilanzposten unterscheidet sich systematisch nicht von der Anpassung der Aktivapositionen. Systematisch kann ohne Abweichung vorgegangen werden.

Bei den Anpassungen ist immer danach zu unterscheiden, ob diese bilanziell vorgenommen werden oder nicht. Weiterhin muss beachtet werden, ob sich die entsprechende Bilanzposition durch weitere laufende Buchungen im Anpassungsjahr bereits verändert hat.

Schließlich sind hierbei auch die Folgewirkungen aus der Abweichung zwischen Handels- und Steuerbilanz in die Überlegungen einzubeziehen.

G. Änderungen beim Eigenkapital durch die steuerliche Außenprüfung

I. Systematische Einordnung

Ändert der Betriebsprüfer andere Positionen als Aktiva und Passiva im engeren Sinne, also eben nicht die Vermögensgegenstände, Schulden und Rechnungsabgrenzungsposten, sondern deren Saldogröße, nämlich das Eigenkapital, so gilt es zunächst zu unterscheiden, was der Anlass der Änderung gewesen ist:

1. Saldierende Änderung

Mit dem Begriff der saldierenden Änderung wird die Fallgruppe bezeichnet, bei der zwar eine Position des Eigenkapitals wie z. B. die Entnahmen geändert wird, aber zugleich eine weitere Abweichung in die „andere" Richtung vorhanden ist. Bei der beispielhaft erwähnten Erhöhung der Entnahmen wäre dies folglich eine Gewinnerhöhung. Beide Änderungen saldieren sich auf null, d. h., eine Anpassung im Folgejahr ist nicht erforderlich.

HINWEIS:

Die nicht durchzuführende Anpassung eines Folgeabschlusses ist damit begründet, dass kein Bilanzposten im engeren Sinne verändert wurde und auch die Summenbetrachtung des Eigenkapitals ohne Abweichung zum aufgestellten Jahresabschluss vorhanden ist.

Häufig ist jedoch mit der Veränderung der Entnahmen und/oder Einlagen eine Gewinnänderung verbunden, die zugleich als Folgeauswirkung doch eine übliche Änderung eines Bilanzpostens ergibt, nämlich die resultierende notwendige Anpassung der Steuerrückstellungen. Auch die Anpassung der Umsatzsteuer-Verbindlichkeit kann sich als umsatzsteuerliche Folge aus der Gewinnänderung ergeben, so dass per saldo eine Veränderung des Eigenkapitals vorliegt, die anschließend die Anpassung des Folgejahres erforderlich macht.

2. Umgliederung

Im Fall von Umgliederungen können zwei Bilanzposten im engeren Sinne betroffen sein, wobei sich dennoch keine Gewinnänderung ergibt. Die Beschäftigung des Betriebsprüfers mit solchen Gebieten findet (verständlicherweise) in der Praxis nahezu nicht statt.

BEISPIEL 1► Im Jahr 02 wurde die Gewerbesteuer-Rückstellung korrekt ermittelt und gebucht. Im Dezember 03 ergeht der Bescheid der Gemeinde, die Zahlung erfolgt im Januar 04 i. H. der gebildeten Rückstellung. Eine Änderung 03 wurde in der Bilanz nicht mehr vorgenommen.

LÖSUNG► Eine Rückstellung ist dann zu bilden, wenn Verpflichtungen vorhanden sind, die dem Grunde und/oder der Höhe sowie dem Zeitpunkt der Erfüllung nach noch nicht sicher feststehen. Nichts davon trifft auf die Gewerbesteuer des Jahres 02 zu. Die Rückstellung ist deshalb gegen das Konto Verbindlichkeiten aus Betriebssteuern umzubuchen. Da mit der Umbuchung keine Gewinnänderung verbunden ist (erfolgsneutraler Passiv-Passiv-Tausch), wird sich in der Praxis wohl kaum ein Betriebsprüfer finden, der diese Umbuchung als Feststellung in seinen Prüfungsbericht aufnimmt.

Die Kategorie der Umgliederung von zwei Bilanzposten kann deshalb in nahezu allen Fällen mangels Feststellungen der Betriebsprüfung vernachlässigt werden.

Auch die Änderung eines Gesellschafterdarlehens gegen die Position Eigenkapital gehört – da auch hieraus keine Gewinnänderung resultiert – nicht zu den regelmäßigen Feststellungen der Betriebsprüfung. Da sie aber dennoch eine gewisse Praxisrelevanz hat, werden die Folgen im Abschnitt II im Beispiel 4 behandelt.

II. Kapitaländerungen bei Personenunternehmen

Ändert der Betriebsprüfer das Eigenkapital im Fall von Personenunternehmen (Einzelunternehmen und Personengesellschaften) im Prüfungsjahr aufgrund von Entnahmen, ist damit sehr häufig auch eine Gewinnkorrektur verbunden.[1]

Beispiel 2► Die erklärte Kfz-Nutzung der geprüften Arztpraxis-GbR, die ihren Gewinn freiwillig durch Bilanzierung ermittelt, wird vom Prüfer im letzten Prüfungsjahr 03 um 3.000 € erhöht. Umsatzsteuerliche Folgen waren damit keine verbunden (vgl. hierzu die Steuerbefreiung in § 4 Nr. 14 UStG für die ärztliche Tätigkeit).

Lösung► Die Anpassung erhöht den Gewinn und damit das Schlusskapital. Die erhöhte Entnahme der Kfz-Nutzung mindert den Gewinn in gleicher Höhe. Somit ergibt sich per saldo keine Abweichung bei dem bisher ausgewiesenen Eigenkapital und ebenso nicht bei den anderen Bilanzposten. **Folge:** Für das Jahr 04 und damit die Anpassung aufgrund der Betriebsprüfung ist eine Korrektur nicht durchzuführen.

Es kann aber keineswegs allgemeingültig formuliert werden, dass eine Anpassung bei den Entnahmen (in Verbindung mit einer Gewinnerhöhung) zu keiner Folgeänderung und damit zu keiner Anpassung des Folgejahres führt, wie das nachfolgende Beispiel 3 zeigt.

Beispiel 3► Die erklärte Kfz-Nutzung der geprüften Architekten-GbR, die ihren Gewinn freiwillig durch Bilanzierung ermittelt, wird vom Prüfer im letzten Prüfungsjahr 03 um 3.000 € erhöht. Mit der Feststellung verbunden ist auch eine Erhöhung der Umsatzsteuer um 456 €. Der Betriebsprüfer hat deshalb die Entnahmen um 3.456 € nach oben angepasst.

Lösung► Das Kapital mindert sich per saldo um die Umsatzsteuer-Verbindlichkeit von 456 €. **Folge:** Für das Jahr 04 und damit die Anpassung aufgrund der Betriebsprüfung ist eine Korrektur nach den üblichen Schritten vorzunehmen.[2]

Berührt die Änderung bei den Entnahmen zugleich die Umsatzsteuer, verändert sich folglich dieser Bilanzposten. Die eigentliche Änderung (Entnahme bzw. Erhöhung im Beispiel 3 der Kfz-Privatnutzung) führt erneut zu keiner Änderung des Folgejahres; die der Umsatzsteuer dagegen schon.

1 Vgl. *Kolbe*, Einlagen und Entnahmen (HGB, EStG), infoCenter NWB MAAAB-04799.

2 Vgl. Abschnitt F.

BEISPIEL 4► Bei der Prüfung der A-GmbH & Co. KG akzeptiert der Betriebsprüfer die Zuordnung einer Überweisung des Gesellschafters A an die GmbH & Co. KG, die fälschlicherweise auf einem (Eigen-)Kapitalkonto IV ausgewiesen wurde, nicht. Der dem Bankkonto der GmbH & Co. KG gutgeschriebene Betrag von 45.000 € wird deshalb in der Prüferbilanz als Fremdkapital bilanziert. Die weiteren Auswirkungen ergeben sich „nur" bei der Berechnung des verrechenbaren Verlustes (§ 15a Abs. 2 EStG).

LÖSUNG► Würde der Betriebsprüfer eine echte Umbuchung vornehmen, müsste man diese als erfolgsneutralen Passiv-Passiv-Tausch bezeichnen, d. h., diese hätte keine Gewinnauswirkung. Anstatt im Haben Eigenkapital in Form des Kapitalkontos IV wird – ebenfalls im Haben – das Gesellschafterdarlehen in der Bilanz ausgewiesen. Auch die Anpassung der Handels- und ggf. der Steuerbilanz besteht aus nicht mehr als dem „Austausch" des einen durch den anderen Passivposten.[3]

Bei der Korrektur von Einlagen kann häufig davon ausgegangen werden, dass die Folgewirkungen und damit auch die Folgeanpassungen gering ausfallen. Allerdings sollte auch in diesen Fällen immer systematisch geprüft werden, ob ggf. weitere Auswirkungen gegeben sind. Die notwendigen Überlegungen zur Anpassung sowie die Buchungen müssen immer im Einzelfall ermittelt werden.

III. Kapitaländerungen bei Kapitalgesellschaften

Eigenkapitaländerungen, ohne gleichzeitige Anpassung der Bilanzposten im engeren Sinne,[4] resultieren regelmäßig aus der Feststellung von verdeckten Gewinnausschüttungen (vGA).[5] Deren Wirkung und auch die notwendigen Anpassungen können durchaus mit einer Gewinnerhöhung durch Entnahmen bei Personenunternehmen verglichen werden.

BEISPIEL 5► Bei der Prüfung der B-GmbH wird vom Betriebsprüfer festgestellt, dass an B, der als Geschäftsführer angestellt ist, ein überhöhtes Gehalt bezahlt wurde. 30.000 € werden nicht als Personalaufwand anerkannt; insoweit wird das steuerliche Ergebnis durch die Feststellung einer vGA erhöht.

LÖSUNG► Die vGA ist, aufgrund der Auszahlung des überhöhten Gehalts, abgeflossen. Per saldo ergibt sich – aus der vGA isoliert betrachtet – kein Anpassungsbedarf. Dem verringerten Gehaltsaufwand, der aufgrund des erhöhten Gewinns auch ein erhöhtes Eigenkapital ergibt, steht – in gleicher Höhe – der Abfluss der vGA gegenüber. Per saldo ist damit keine Eigenkapitalveränderung verbunden. Diese ist allerdings, ähnlich wie im Beispiel 3, aufgrund der steuerlichen Wirkungen gegeben. Die vGA führt zu einer Erhöhung der Körperschaftsteuer, des Solidaritätszuschlags und der Gewerbesteuer.[6] Außerdem muss Kapitalertragsteuer (inkl. Solidaritätszuschlag und ggf. Kirchensteuer) abgeführt werden.[7] Es ergibt sich aus der deshalb entstehenden Passivposition „Verbindlichkeiten aus Steuern" die Notwendigkeit von Anpassungen.

---

3 Es gibt keine Begründung dafür, dass die Änderung nicht auch in der Handelsbilanz nachzuvollziehen ist; vgl. hierzu den sehr lesenswerten Aufsatz von *Ley*, KÖSDI 2014 S. 18844.

4 Gemeint sind hier nicht die Folgeänderungen der Steuerschulden.

5 Vgl. *Gehrmann*, Verdeckte Gewinnausschüttungen, infoCenter NWB QAAAA-88453.

6 Voraussetzung: Es ist ein – nach vGA – positives zu versteuerndes Einkommen bzw. ein positiver Gewerbeertrag vorhanden.

7 § 43 EStG; vgl. hierzu BMF, Schreiben v. 18.1.2016 - IV C 1 - S 2252/08/10004 NWB IAAAF-77727.

IV. Außerbilanzmäßige Korrekturen

Bezüglich der außerbilanzmäßigen Korrekturen im Rahmen einer Betriebsprüfung ist zunächst festzustellen, dass diese selbst zu keiner Anpassung führen. Vergleichbar mit den Folgen der Entnahme und der verdeckten Gewinnausschüttung ist jedoch, dass die Steuerwirkungen dazu führen können, dass die hierfür zu bildenden Passivpositionen anzupassen sind.

V. Zeitliche Verschiebungen

Eigentlich handelt es sich bei dieser Fallgruppe um keine besondere Kategorie, sondern um eine Form der Anpassung, die aufgrund des Geschehensablaufs im Anpassungsjahr letztlich keinen Änderungsbedarf ergibt. Dennoch soll der Vollständigkeit halber und insbesondere um die Sensibilität in der Berufspraxis zu erhöhen, ein erläuterndes Beispiel betrachtet werden.

Beispiel 6 ► Die B-GmbH & Co. KG hat eine Einheitsbilanz auf den 31.12.03 aufgestellt. In dieser Bilanz ist eine Rückstellung für eine Schadensbeseitigung am Betriebsgebäude i. H. von 5.000 €[8] enthalten (§ 249 Abs. 1 Satz 2 Nr. 1 HGB). Die Reparatur erfolgte im April 04 und wurde in diesem Jahr wie folgt gebucht (SKR 04):

3075	Rückstellung Instandhaltung	5.000 €				
1406	Abziehbare Vorsteuer 19 %	950 €	an	1800	Bank	5.950 €

Im Rahmen der Betriebsprüfung wurde die Rückstellungsbildung nicht anerkannt, weil die Reparatur erst im April 04 durchgeführt worden ist. Der Betriebsprüfer verminderte den Bilanzposten Sonstige Rückstellungen deshalb von 26.000 € auf anzuerkennende 21.000 €. Eine Auswirkung auf die Steuerschulden der Gesellschaft ergab sich deshalb nicht, weil die B-GmbH & Co. KG über ausreichend hohe Gewerbeverluste (§ 10a GewStG) verfügte.[9]

Lösung ► Würde die Prüfungsfeststellung in der Handels- und Einheitsbilanz des Jahres 04 nachvollzogen, was grundsätzlich richtig ist, müsste wie folgt gebucht werden:

3075	Rückstellung Instandhaltung	5.000 €	an	6450	Reparaturen und Instandhaltung Bauten	5.000 €

Das Konto 3075 hätte damit einen Saldo von 5.000 € im Soll (EB-Wert 5.000 € Haben, laufende Buchhaltung 5.000 € Soll und Anpassung Betriebsprüfung 5.000 € Soll). Da die Reparatur im Jahr 04 mittlerweile durchgeführt wurde, wäre dieser Wert aber falsch und müsste wie folgt korrigiert werden:

6450	Reparaturen und Instandhaltung Bauten	5.000 €	an	3075	Rückstellung Instandhaltung	5.000 €

Das Rückstellungskonto weist damit einen Wert von null aus. Bei der Betrachtung des Reparaturkontos im Jahr 03 finden sich dort (vor Betriebsprüfung)[10] die gebuchten 5.000 € Aufwand und

8 Es handelt sich um keine wesentliche Position im Sinne der Vermögens-, Finanz- und Ertragslage.

9 Vgl. *Hänsch*, Rückstellungen: Instandhaltung/Instandhaltungsverpflichtung, Lexikon NWB DAAAC-42908.

10 Dieser Wert ist relevant, weil das Jahr 03 aufgrund der Betriebsprüfung in Form der Handels- und damit Einheitsbilanz nicht korrigiert wird.

im Jahr 04 jeweils 5.000 € im Haben (Bp-Anpassung) und 5.000 € im Soll (Korrekturbuchung zum Bestand der Rückstellung). Der Aufwand ist also einmal vorhanden, nämlich 03, und insoweit in der Höhe richtig erfasst.[11]

Die beiden Buchungen 04 gleichen sich aber ersichtlich aus. Sie können deshalb, auch ohne dass sich eine (fehlerhafte) Auswirkung ergibt, weggelassen werden.

Damit ist festzuhalten, dass es auch Bilanzpostenänderungen durch die Betriebsprüfung gibt, die zu keiner Änderung des Folgejahres führen. Eine solche unterbleibt immer dann, wenn im Folgejahr ohnehin das eingetreten ist, was im Vorjahr bereits (z. B. in Form einer Schuldposition und zugleich einer aufwandswirksamen Buchung) zu früh erfasst und gebucht wurde. Anders ausgedrückt lässt sich dieser Fall durch eine zeitliche Verschiebung als Prüfungsfeststellung erklären.

Analog zu den Ausführungen in den Abschnitten II–IV gilt aber auch in diesem Fall, dass sich der Anpassungsbedarf, anders als im Beispiel 6 aufgrund der veränderten Steuerpositionen der Bilanz (Steuerforderungen bzw. -schulden), ergeben kann.

FAZIT

Die Folgewirkungen und -anpassungen bei Bp-Änderungen im Bereich Entnahmen, Einlagen und verdeckte Gewinnausschüttungen, also des Eigenkapitals, sind gut zu überschauen und bereiten keine nachhaltigen Schwierigkeiten. Der Anpassungsbedarf reduziert sich in der ganz überwiegenden Anzahl der Sachverhalte auf die steuerlichen Wirkungen der Feststellungen. Nichts anderes gilt für die außerbilanzmäßigen Korrekturen und die lediglich zeitlichen Verschiebungen der Betriebsprüfung, deren Erfolgswirksamkeit spätestens im Anpassungsjahr eingetreten ist.

11 Aus Sicht der steuerlichen Betriebsprüfung ist das Aufwandsjahr verkehrt, aus Sicht der Handelsbilanz aufgrund der Bp-Anpassung 04 nicht; vgl. Fn. 10.

H. Bilanzberichtigung als Anlass für eine Bilanzänderung

I. Gesetzliche Regelung und Begriffe

1. Abgrenzung Bilanzberichtigung und Bilanzänderung

Entspricht die Bilanz nicht den gesetzlichen Vorschriften, darf der Steuerpflichtige diese Bilanz nach § 4 Abs. 2 Satz 1 EStG „ändern". Entsprechend den üblichen Bezeichnungen in der Praxis wird dieser Vorgang als Bilanzberichtigung bezeichnet, was sprachlich sehr gut verdeutlicht, dass ein dem Grunde oder der Höhe nach fehlerhafter Ansatz durch einen fehlerfreien ersetzt wird.[1] Diese Begriffe verwenden auch die EStR.[2]

Die Bilanzänderung ist dagegen in § 4 Abs. 2 Satz 2 EStG geregelt:

> „Darüber hinaus ist eine Änderung der Vermögensübersicht (Bilanz) nur zulässig, wenn sie in einem engen zeitlichen und sachlichen Zusammenhang mit einer Änderung nach Satz 1 steht und soweit die Auswirkung der Änderung nach Satz 1 auf den Gewinn reicht."

Aus der Formulierung „darüber hinaus" und dem Zusammenhang mit Satz 1 von § 4 Abs. 2 EStG wird deutlich, dass folgende Unterscheidung getroffen werden muss:

- **Bilanzberichtigung** = Austausch eines fehlerhaften durch einen fehlerfreien Bilanzansatz.[3]
- **Bilanzänderung** = Austausch eines fehlerfreien durch einen anderen, aber ebenfalls fehlerfreien Ansatz.

2. Auslöser einer Bilanzänderung

Eine Bilanzänderung erfordert folglich, dass verschiedene „Ansätze für die Bewertung eines Wirtschaftsguts zulässig sind und der Steuerpflichtige demgemäß zwischen mehreren Wertansätzen wählen kann".[4] Zunächst wird also durch die Einreichung des Jahresabschlusses und der Steuererklärungen der eine mögliche (korrekte) Ansatz gewählt, anschließend erfolgt im Rahmen der Änderung die Wahl eines anderen, ebenfalls richtigen Ansatzes.

Theoretisch denkbar ist auch, dass ein Bilanzansatz durch die Änderung erstmals erfasst wird. In diesem Fall müsste es sich typischerweise um einen Passivposten handeln, da nahezu alle Bilanzberichtigungen, die durch eine Bilanzänderung ausgeglichen werden, Gewinnerhöhungen zum Gegenstand haben. Das wiederum würde aber erfordern, dass im Passiva ein Ansatzwahlrecht vorhanden gewesen ist, das bisher nicht ausgeübt wurde. Ein solches Wahlrecht wird nur schwer auszumachen sein; im Übrigen zöge auch ein handelsrechtliches Passivierungswahlrecht ein steuerliches Ansatzverbot nach sich.[5]

---

1 Vgl. *Kolbe,* Bilanzänderung und Bilanzberichtigung (EStG), infoCenter NWB PAAAB-14427.

2 R 4.4 EStR.

3 Mit Bilanzansatz ist der Ansatz dem Grunde und der Höhe nach gemeint. Zum Teil wird dies auch als Ansatz und Bewertung bezeichnet.

4 R 4.4 Abs. 2 Satz 1 EStR.

5 BFH, Beschluss v. 3.2.1969 - GrS 2/68, BStBl 1969 II S. 291 NWB UAAAA-90474.

HINWEIS:

Die Auffassung zum erstmaligen Ansatz wird in der Literatur (zu Recht) durch ein BFH-Urteil begründet,[6] das selbst aufzeigt, dass diese Möglichkeit nur im Ausnahmefall in Betracht kommt: Der BFH hatte eine Bilanzänderung zugelassen, bei der vor Bekanntwerden der erstmaligen BFH-Rechtsprechung[7] zur Bildung einer Aufbewahrungsrückstellung eine solche nicht angesetzt worden war und die Passivierung als Bilanzänderung nachgeholt wurde.

Als Bilanz gelten im Fall einer Personengesellschaft sowohl die Gesamthands(steuer)bilanz als auch die Ergänzungsbilanzen und die Sonderbilanzen der Mitunternehmer.[8]

II. Voraussetzungen einer Bilanzänderung

Die Bilanzänderung ist nach der gesetzlichen Regelung nur zulässig, wenn sie in einem „engen zeitlichen und sachlichen Zusammenhang“ mit einer Bilanzberichtigung steht. Zudem – das bedeutet, die Voraussetzungen müssen kumulativ vorliegen – darf im Wege der Bilanzänderung nur die Gewinnänderung ausgeglichen werden, welche durch die Bilanzberichtigung hervorgerufen wurde. Wird die Bilanz in mehreren Punkten berichtigt, stellt die Summe der Berichtigungen die Obergrenze für die Bilanzänderung dar. Durch die Bilanzänderung ist demnach maximal eine Neutralisation erreichbar.

HINWEIS:

Dies gilt aber nur, wenn die zu ändernde Bilanz bereits der Finanzverwaltung eingereicht wurde. Eine noch nicht abgegebene Bilanz kann – soweit die gesetzlichen Vorschriften zu Ansatz und Bewertung beachtet werden – beliebig oft geändert werden.

Als Bilanzberichtigung i. S. des § 4 Abs. 2 Satz 2 EStG gilt auch die Änderung von Entnahmen und Einlagen, nicht aber die außerbilanzielle Gewinnerhöhung.[9]

Als **engen zeitlichen und sachlichen Zusammenhang** sieht es die Finanzverwaltung an, „dass sich beide Maßnahmen auf dieselbe Bilanz beziehen und die Bilanzänderung unverzüglich nach der Bilanzberichtigung vorgenommen wird.“[10] Der geforderte Zusammenhang fehlt nach der Verwaltungsauffassung[11] bei der Bilanzänderung eines Folgejahres.

Die Notwendigkeit, unverzüglich zu ändern, ist keinesfalls mit „sofort“ gleichzusetzen, sondern bedeutet nach dem BGB ein Tätigwerden „ohne schuldhaftes Zögern“.[12] Soweit es durch die Sachlage begründet ist, kann damit eine gewisse Zeit zum Überlegen und zum Erstellen der Bilanzänderung angemessen sein.

6 BFH, Urteil v. 16.12.2008 - I R 54/08 NWB JAAAD-17952.

7 BFH, Urteil v. 19.8.2002 - VIII R 30/01, BStBl 2003 II S. 131 NWB EAAAA-89429.

8 R 4.4 Abs. 2 Satz 6 EStR.

9 H 4.4 „Bilanzänderung“ EStH.

10 R 4.4 Abs. 2 Satz 5 EStR.

11 BMF, Schreiben v. 18.5.2000 - IV C 2 - S 2141 - 15/00, BStBl 2000 I S. 587 NWB QAAAA-78276.

12 § 121 Abs. 1 Satz 1 BGB.

Das Erfordernis des sachlichen Zusammenhangs braucht nicht so gewertet zu werden, dass die Bilanzänderung nur bei bestimmten Bilanzposten infrage kommt. Eine Beschränkung gibt es hierbei vielmehr nicht.[13]

III. Fallbeispiel

Die praktische Bedeutung des Zusammenhangs zwischen Bilanzberichtigung und Bilanzänderung soll anhand eines typischen Falls einer Bp-Feststellung erläutert werden.

1. Sachverhalt

Der Betriebsprüfer hat in der Steuerbilanz der P-GmbH im letzten Prüfungsjahr 03 eine Rückstellung für drohende Verluste i. H. von 10.000 € aufgrund der Regelung des § 5 Abs. 4a Satz 1 EStG nicht anerkannt. Die Veranlagungen des Jahres 03 stehen unter dem Vorbehalt der Nachprüfung (§ 164 Abs. 1 AO).

Folgende Bilanzposten hat er in seinem zur Besprechung angefertigten Exposé wie folgt dargestellt:

Sonstige Rückstellungen	**31.12.01**	**31.12.02**	**31.12.03**
Ansatz vor Betriebsprüfung	34.800 €	37.300 €	42.700 €
Ansatz durch Betriebsprüfung	34.800 €	37.300 €	32.700 €
Unterschied und zugleich Gewinnunterschied	0 €	0 €	+10.000 €

Steuerrückstellungen[14]	**31.12.01**	**31.12.02**	**31.12.03**
Ansatz vor Betriebsprüfung	14.400 €	6.100 €	67.400 €
Ansatz durch Betriebsprüfung	14.400 €	6.100 €	70.400 €
Unterschied und zugleich Gewinnunterschied	0 €	0 €	-3.000 €

Bilanzgewinn	**31.12.01**	**31.12.02**	**31.12.03**
Ansatz vor Betriebsprüfung	31.540 €	87.360 €	54.010 €
Ansatz durch Betriebsprüfung	31.540 €	87.360 €	61.010 €
Unterschied	0 €	0 €	+7.000 €

Die Gewinnunterschiede nach der GuV-Methode ergeben sich wie folgt:

13 H 4.4 „Bilanzänderung" EStH.

14 Der Steuersatz beträgt in diesem Beispiel 30 % für Körperschaftsteuer, Solidaritätszuschlag zur Körperschaftsteuer und Gewerbesteuer.

weniger sonstiger betrieblicher Aufwand	+10.000 €
mehr Steueraufwand	-3.000 €
	+7.000 €

Der Saldo von +7.000 € erklärt auch den geänderten Bilanzgewinn.

Die Besprechung findet am 15.10.05 statt. Im Laufe des Tages ändert die Steuerkanzlei der P-GmbH nach Rücksprache mit dem Geschäftsführer die Steuerbilanz des Jahres 03 und vollzieht dabei die Prüferfeststellung hinsichtlich der sonstigen Rückstellungen in Form einer Bilanzberichtigung nach. Weiterhin wird die Bilanzposition „Sonstige Betriebs- und Geschäftsausstattung" wie folgt geändert:

Sonstige Betriebs- und Geschäftsausstattung	**31.12.03**
Ansatz Steuerbilanz bisher	158.300 €
Ansatz Steuerbilanz neu	148.300 €
Unterschied und zugleich Gewinnunterschied	-10.000 €

Die Änderung wird damit begründet, dass im Jahr 02 Investitionen in eine neue EDV-Anlage getätigt worden sind, die in den Jahren 02 und 03 bisher lediglich linear abgeschrieben wurden. Die Anschaffungskosten betrugen 52.490 €. Daraus errechnet sich eine maximale Sonder-AfA gem. § 7g Abs. 5 EStG[15] von 10.498 € (= 20 % von 52.490 €). Hiervon wurden 10.000 € im Jahr 03 im Wege der Bilanzänderung gewinnmindernd gebucht und zugleich in ein besonderes, laufend zu führendes Verzeichnis aufgenommen.[16]

Die Prüferfeststellung zu den Steuerrückstellungen und dem Bilanzgewinn übernimmt die Steuerkanzlei nicht in die geänderte Steuerbilanz. Die geänderte Steuerbilanz wird dem Prüfer am 16.10.05 übergeben und zugleich in Form einer E-Bilanz-Übermittlung beim zuständigen Finanzamt eingereicht.

2. Beurteilung der Prüferfeststellung

Die Richtigkeit der Prüferfeststellung zur Rückstellung ergibt sich aus § 5 Abs. 4a Satz 1 EStG. Die Zulässigkeit der Bilanzberichtigung folgt aus § 4 Abs. 2 Satz 1 EStG. Die Bilanz wurde nach ihrer Einreichung beim Finanzamt berichtigt, weil sie den Vorschriften des EStG nicht entsprach. Dies wiederum ergibt im Zusammenhang mit der unverzüglichen Bilanzänderung die Zulässigkeit von dieser gem. § 4 Abs. 2 Satz 2 EStG. Die Bilanzänderung wurde auf den Betrag der Bilanzberichtigung begrenzt und erfolgte im selben Wirtschaftsjahr. Damit ist der enge zeitliche und sachliche Zusammenhang gegeben.

15 Annahme: Die GmbH hält die gesetzlichen Voraussetzungen zur Anwendung von § 7g EStG ein.

16 Vgl. § 7a Abs. 8 EStG.

3. Sachverhaltsergänzung

Der Betriebsprüfer akzeptiert die Bilanzänderung nicht, weil er nach Rücksprache mit der zuständigen Bilanzbuchhalterin erfahren hat, dass diese gerade den Abschluss 04 erstellt und darin die maximal mögliche Sonder-AfA von 10.498 € gebucht hat. Ist diese Ablehnung rechtmäßig?

4. Lösung der Sachverhaltsergänzung

Die Ablehnung der Bilanzänderung ist nicht rechtmäßig: Die nachträgliche Vornahme der Sonder-AfA im Jahr 03 ist selbst dann möglich, wenn der Steuerpflichtige die im Jahr der Bilanzänderung noch nicht ausgeschöpften Sonderabschreibungen in den Bilanzen der Folgejahre schon beansprucht hat.[17]

FAZIT

Die Bilanzänderung muss systematisch streng von der Bilanzberichtigung unterschieden werden. Letztere korrigiert einen im Ansatz oder der Bewertung nach fehlerhaften Bilanzposten. Die Bilanzänderung dagegen gleicht die Folgen der Bilanzberichtigung aus, indem sie einen zulässigen Bilanzwert (gegenläufig) durch einen ebenfalls zulässigen Bilanzwert ersetzt.

17 Vgl. H 4.4 „Bilanzänderung" EStH; ebenso BFH, Urteil v. 25.10.2007 - III R 39/04, BStBl 2008 II S. 226 NWB BAAAC-67518.

I. Vermeidung von Feststellungen durch die steuerliche Außenprüfung

I. Diskussionspotenzial in KMU

Es liegt in der Natur der Sache, dass im Rahmen einer Betriebsprüfung bei kleinen und mittleren Unternehmen bilanziell vorwiegend folgende Punkte festgestellt werden:

- nicht erfasste oder zu niedrig bewertete Aktiva,
- zu Unrecht bilanzierte oder zu hoch bewertete Passiva.

Die Begründung dieser These ist nicht schwer: Mandanten und deren steuerliche Vertreter sind bemüht, die steuerliche Belastung zu minimieren, während die Betriebsprüfer auf der Suche nach dem sog. Mehrergebnis sind. Zumindest vorsichtig darf darauf hingewiesen werden, dass die Prüfung zugunsten und zuungunsten des Steuerpflichtigen nach der Maßgabe der Gesetze zu erfolgen hat (§ 85 Satz 1 AO).

Einige der Bp-Feststellungen lassen sich durch eine ausreichende Beschäftigung mit den zugrunde liegenden Normen, Steuerrichtlinien und der Rechtsprechung vermeiden, andere Fehler sind nahezu unvermeidlich, weil es ein Informationsdefizit zwischen dem Bilanzierenden und dem Unternehmen gibt.

Ein weites Feld sind daneben als Betriebsausgaben erfasste Privataufwendungen und zu niedrig gebuchte Betriebseinnahmen. Bei beiden Positionen wird der Jahresabschlussersteller „machtlos“ sein, weil dies in der – teilweise strafrechtlich relevanten – Verantwortung des Unternehmers oder der dort handelnden Personen liegt.

HINWEIS:

Der Abschnitt konzentriert sich deshalb auf einige ausgewählte Punkte, die meiner Ansicht nach relevant sind, weil ich sie immer wieder im Rahmen von Schlussbesprechungen zu diskutieren habe. Zugleich handelt es sich um (selbstverständlich) subjektiv ausgewählte Sachverhalte, von denen anzunehmen ist, dass sich die Bp-Feststellung – bei ausreichender Beachtung der Vorgaben – hätte vermeiden lassen.

II. Bilanzposten im Aktiva

1. Erschließungsbeiträge

BEISPIEL 1► Die Bäckerei B-GmbH & Co. KG erweitert ihr Betriebsgebäude auf einem ihr bereits gehörenden Grundstück. Das Grundstück war bereits erschlossen, aufgrund der erhöhten baulichen Ausnutzung erfolgt eine Beitragsnacherhebung für die Wasserversorgung. Weiterhin wird aufgrund der veränderten tatsächlichen baulichen Ausnutzung des Grundstücks auch nochmals ein Kanalherstellungsbeitrag fällig. Die Gesellschaft bucht beide Kostenbestandteile als Aufwand, da das Grundstück vor der Erweiterung bereits erschlossen war.

Soweit die Beiträge weder für die Veränderung (Modernisierung oder Ersetzung) der bereits bestehenden Wasserversorgungseinrichtung oder Kanalisation aufgewendet werden, liegen nachträgliche Anschaffungskosten des Grund und Bodens vor. Dies ist hier der Fall, weil die Beitragsnachforderung auf der zusätzlichen Bebauung beruht, aber keine Veränderung der Wasserversorgung und der Kanalisation vorliegt.

Selbst eine zwischenzeitlich eingetretene Änderung des Beitragsmaßstabs (zwischen dem ersten und dem Folgebescheid) ändert an dieser Beurteilung nichts. Der BFH hat dieses in sog. ständiger Rechtsprechung entschieden.[1] Eine tragende Begründung des BFH für die Wertsteigerung des Grund und Bodens ist, dass die bisherige Nutzbarkeit des Grundstücks erweitert wird, sie damit diesem ein besonderes Gepräge gibt und deshalb werterhöhend ist.

LÖSUNG ► Die als laufende Betriebsausgaben gebuchten Beiträge stellen nachträgliche Anschaffungskosten des Grund und Bodens dar.

2. Wertminderung im Anlagevermögen

BEISPIEL 2 ► Die C-GmbH hatte für ihre betrieblichen Zwecke ein Gebäude errichten lassen. Die Fertigstellung erfolgte im Juli 2012. Nach der Nutzungsdauer gem. § 7 Abs. 4 Satz 1 Nr. 1 EStG sollten die Herstellungskosten von 400.000 € über 33 1/3 Jahre linear abgeschrieben werden. Der planmäßige Restbuchwert beträgt zum Bilanzstichtag 31.12.2021 deshalb 286.000 €. Aufgrund massiver Qualitätsprobleme bei der Herstellung beträgt der unzweifelhafte Teilwert zum Bilanzstichtag 150.000 €. Die C-GmbH nimmt aus diesem Grund eine Teilwertabschreibung von 136.000 € vor.

Es gibt eine deutlich größere Anzahl von Fällen, bei denen ein niedrigerer Teilwert vorliegt, als solche, bei denen auch tatsächlich eine Teilwertabschreibung zulässig ist. Dies liegt daran, dass nach § 6 Abs. 1 Nr. 1 Satz 3 EStG erforderlich ist, dass die Wertminderung „voraussichtlich dauernd" ist. Kann dies nicht bejaht werden, ist zwar der Teilwert niedriger, die Teilwertabschreibung aber dennoch unzulässig.

Die voraussichtlich dauernde Wertminderung definiert der BFH bei abnutzbarem Anlagevermögen wie folgt:[2]

> „Nur ein Wertverlust, der mindestens während der halben Restnutzungsdauer des Wirtschaftsguts andauert, ermöglicht bei abnutzbaren Wirtschaftsgütern eine Teilwertabschreibung."

Die hälftige Restnutzungsdauer am Bilanzstichtag beträgt noch 11 Jahre und 11 Monate (0,5 • [33 1/3 Jahre gesamt - 9 1/2 Jahre bisherige Nutzung]). Die planmäßige AfA in dieser Zeit beläuft sich auf 11 • 12.000 € + 11/12 • 12.000 € = 143.000 €. Damit ergibt sich ein planmäßiger Restbuchwert nach dieser Zeit von 286.000 € - 143.000 € = 143.000 €.

LÖSUNG ► Da der Teilwert nicht unter dem planmäßigen Restbuchwert liegt, ist die Teilwertabschreibung unzulässig.

---

1 Zum Beispiel BFH, Urteil v. 3.7.1997 - III R 114/95, BStBl 1997 II S. 811 NWB DAAAA-96044 und v. 18.7.1972 - VIII R 43/68, BStBl 1972 II S. 931 NWB OAAAA-99364, m. w. N.

2 Zum Beispiel BFH, Urteil v. 29.4.2009 - I R 74/08, BStBl 2009 II S. 899 NWB GAAAD-26610.

3. Renovierung durch Mieter sowie Einbau

HINWEIS:

Das Thema der Mietereinbauten[3] ist vorwiegend deshalb eines, weil es hierzu ein meiner Ansicht nach nicht sonderlich gut verständliches BMF-Schreiben gibt.[4] Darüber hinaus ist es regelmäßig Gegenstand von Bp-Feststellungen, weshalb hier an einem typischen Praxisbeispiel die systematische Anwendung aufgezeigt werden soll.

BEISPIEL 3 ► Rechtsanwalt D hat Kanzleiräume angemietet. Da es bisher nur eine Toilette gab, hat er in Abstimmung mit dem Vermieter auf seine Kosten eine weitere Toilette einbauen lassen (Ständerwände, Installation, Fliesenarbeiten usw.). Der Vermieter wollte die Toilette ohnehin einbauen und kam dem Mieter deshalb bei der Miete entgegen, indem er die Kosten für Toiletteneinbau mindernd berücksichtigte. Da die Ausgaben wesentlich waren, wurde der Mietvertrag mit einer Dauer von zehn Jahren abgeschlossen. In diesem ist auch vereinbart, dass die Toilette am Ende des Mietverhältnisses nicht entfernt wird.

Da in dem Gebäude zudem die einzelnen Einheiten beim Bezug (und nicht beim Auszug) renoviert werden müssen, war es auch erforderlich, den Teppichfußboden zu ersetzen und die Wände zu streichen. Auch dieses ließ D auf eigene Kosten vornehmen.

Der Rechtsanwalt ermittelt seinen steuerlichen Gewinn mittels Einnahmen-Überschussrechnung.

Das o. g. BMF-Schreiben ist systematisch wie folgt zu prüfen:

- Keine Mietereinbauten – Abschnitt 2[5] –, da die Toilette nicht „später wieder entfernt werden" wird.
- Keine Betriebsvorrichtung – Abschnitt 3 –; vgl. den gleich lautenden Erlass zur Abgrenzung der Betriebsvorrichtungen von den Gebäudebestandteilen vom 5.6.2013.[6]
- Keine sonstigen Mietereinbauten – Abschnitt 4.a und 4.b –, da die Toilette nach zehn Jahren nicht wirtschaftlich verbraucht ist (Abschnitt 6.a des Erlasses) und weder eine Erstattungspflicht des Vermieters gegeben ist (Abschnitt 6.b des Erlasses) noch die Toilette den *besonderen* betrieblichen oder beruflichen Zwecken des Mieters dient (vgl. Abschnitt 9 des Erlasses). Sie steht zugleich mit dem Gebäude in einem Nutzungs- und Funktionszusammenhang (Abschnitt 7 des Erlasses).

Die Toilette stellt damit nach Abschnitt 9 des Erlasses ein immaterielles Wirtschaftsgut dar. Hierfür existiert gem. § 5 Abs. 2 EStG ein Ansatzverbot in der Steuerbilanz. Allerdings erfolgt wirtschaftlich betrachtet eine Berücksichtigung des Aufwands bei der Miethöhe, so dass grundsätzlich ein aktiver Rechnungsabgrenzungsposten zu bilden wäre.

3 Vgl. *Michel/Hülsmann,* Mietereinbauten und -umbauten, Grundlagen NWB UAAAE-35025.

4 BMF, Schreiben v. 15.1.1976 - IV B 2 - S 2133 - 1/76, BStBl 1976 I S. 66 NWB KAAAA-76914.

5 Zitiert werden in der Folge die Abschnitte aus BMF, Schreiben v. 15.1.1976 - IV B 2 - S 2133 - 1/76, BStBl 1976 I S. 66 NWB KAAAA-76914.

6 Oberste Finanzbehörden der Länder, Erlass v. 5.6.2013 - S 3130, BStBl 2013 I S. 734 NWB DAAAE-40449.

LÖSUNG ► Da D seinen Gewinn aber durch Einnahmen-Überschussrechnung ermittelt, sind keine aktiven Rechnungsabgrenzungsposten zu erfassen (§ 5 Abs. 5 Satz 1 Nr. 1 EStG). Allerdings regelt § 11 Abs. 2 Satz 3 EStG, dass im Voraus geleistete Ausgaben für eine Nutzungsüberlassung von mehr als fünf Jahren auf den Zeitraum gleichmäßig verteilt werden, für den sie geleistet werden.
Meiner Ansicht nach ist das unter Zugrundelegung der wirtschaftlichen Betrachtungsweise anzunehmen. Der Einbau der Toilette wurde auf die Höhe der Miete angerechnet, weshalb diese Aufwendungen dazu dienten, eine vergünstigte Überlassung der Mieträume für – lt. Sachverhalt – zehn Jahre zu erlangen.

Der Austausch des Teppichfußbodens und das Streichen der Wände führen dagegen zu sofort abzugsfähigen Betriebsausgaben, da eine Aktivierung als Herstellungskosten nur dann möglich bzw. geboten ist, wenn auch solche gem. § 255 Abs. 2 Satz 1 HGB vorliegen.[7] Da hier weder eine (Neu-)Herstellung noch eine über den ursprünglichen Zustand hinausgehende wesentliche Verbesserung und auch keine Erweiterung erfolgt, ist der Herstellungskostenbegriff nicht erfüllt.

LÖSUNG ► Bei den Renovierungsaufwendungen handelt es sich ohne Zweifel um Erhaltungsaufwendungen, die sofort als Betriebsausgabe abzuziehen sind.

III. Bilanzposten im Passiva

1. Bodenverunreinigung

BEISPIEL 4 ► Die EF-oHG betreibt auf einem eigenen Grundstück in guter Lage sehr erfolgreich eine Tankstelle. Der Grund und Boden weist erhebliche Bodenverunreinigungen auf. Zwar besteht grundsätzlich eine Sanierungsverpflichtung,[8] es liegt aber keine behördliche Verfügung (Verwaltungsakt) hinsichtlich einer Sanierungsverpflichtung vor. Eine solche wird bzw. muss (zulässig) erst mit der Betriebseinstellung erfolgen – alternativ mit dem Grundstücksverkauf oder einer Nutzungsänderung. Aufgrund der guten Ergebnisse des Tankstellenbetriebs sind diese Alternativen aber nicht realistisch.
Die oHG hat sowohl eine Rückstellung für die Sanierungskosten gebildet als auch eine Teilwertabschreibung auf den Grund und Boden vorgenommen.

In der Steuerbilanz darf gem. R 5.7 Abs. 4 EStR mangels öffentlich-rechtlicher Verpflichtung keine Rückstellung gebildet werden. Aufgrund der Maßgeblichkeit in § 5 Abs. 1 Satz 1 Halbsatz 1 EStG muss für die Frage der Rückstellungsbildung nämlich auf die handelsrechtliche Regelung zurückgegriffen werden. Danach sind Rückstellungen – neben den in § 249 Abs. 1 Satz 1 Alternative 2 und Satz 2 HGB genannten Fällen, die hier nicht einschlägig sind – nur in zwei Fällen zu bilden: Verpflichtung gegenüber Dritten (Vertragsverhältnisse und gesetzliche Schuldverhältnisse, z. B. Schadensersatz) und öffentlich-rechtliche Verpflichtungen.

LÖSUNG ► Da im Sachverhalt weder eine Verpflichtung gegenüber einem Dritten noch – mangels Verwaltungsakt zur Sanierung – eine öffentlich-rechtliche Verpflichtung vorliegt, unterbleibt die Rückstellungsbildung.

Etwas anderes würde gelten, hätte die EF-oHG den Grund und Boden nur gepachtet und wäre aufgrund des Pachtvertrags gegenüber dem Verpächter verpflichtet, die Bodenverunreinigung zu beseitigen. In diesem Fall läge eine vertragliche Verpflichtung gegenüber einem Dritten vor.

7 BFH, Urteil v. 28.7.1993 - I R 88/92, BStBl 1994 II S. 164 NWB WAAAA-94730.

8 § 4 Bundes-Bodenschutzgesetz.

Die grundsätzlich bestehende Sanierungsverpflichtung spricht „eigentlich" gegen die Dauerhaftigkeit der Wertminderung und damit gegen eine Teilwertabschreibung. Allerdings ist es mangels absehbarer Betriebseinstellung (alternativ Grundstücksverkauf oder Nutzungsänderung) nicht zu erwarten, dass die EF-oHG in nächster Zeit zur Sanierung aufgefordert wird.

LÖSUNG ► Die Wertminderung ist als dauerhaft anzusetzen, eine Teilwertabschreibung somit zulässig.[9]

Sollte die Sanierung später durchgeführt werden, ist die Teilwertabschreibung bis zum Wert der ursprünglichen Anschaffungskosten rückgängig zu machen.

2. Urlaubsrückstellung

BEISPIEL 5 ► Die GH-GmbH & Co. KG hat von ihrem Wirtschaftsprüfer eine Tabellenkalkulation zur Ermittlung der Urlaubsrückstellung zur Verfügung gestellt bekommen. Auf der Basis von 220 Arbeitstagen (Fünf-Tage-Woche) wird unter Zugrundelegung der Jahresbruttoentgelte inkl. Arbeitgeberkosten, der Umlagen, des Urlaubs- und Weihnachtsgeldes und der Tantiemen die Rückstellung berechnet. Soweit den Arbeitnehmern eine Altersvorsorgeleistung zugesagt ist, wird auch der Zuführungsbetrag zur Pensionsrückstellung einbezogen.

Weil die GH-GmbH & Co. KG immer am 1.1. des Folgejahres die Gehälter erhöht, wird auch dieser Erhöhungsbetrag berücksichtigt. Der Wirtschaftsprüfer begründet dies damit, dass der Erfüllungswert zu berücksichtigen ist. Der für die Handelsbilanz ermittelte Wert wird ohne weitere Abweichung auch in der Steuerbilanz angesetzt. Die GH-GmbH & Co. KG begründet dies mit der Vorschrift zur Maßgeblichkeit.

Steuerlich gelten zur Bewertung einer Urlaubsrückstellung abweichende Kriterien als diejenigen, die handelsrechtlich richtig sind bzw. akzeptiert werden. Eine Übernahme der handelsrechtlichen Rückstellung wird deshalb häufig nicht infrage kommen. Die Abweichungen ergeben sich sowohl aus dem Gesetz als auch aus der Rechtsprechung des BFH und den Festlegungen der Finanzverwaltung in den EStH.

Nach § 6 Abs. 1 Nr. 3a Buchst. f EStG sind bei der Bewertung einer jeden steuerlichen Rückstellung die Wertverhältnisse am Bilanzstichtag maßgebend; künftige Preis- und Kostensteigerungen dürfen deshalb nicht berücksichtigt werden. Der Erhöhungsbetrag aus den Gehaltserhöhungen zum 1.1. ist somit zwar handelsrechtlich korrekt (vgl. § 253 Abs. 1 Satz 2 HGB), steuerlich aber aufgrund einer eigenständigen steuerlichen Regelung im EStG nicht zu berücksichtigen. Die Maßgeblichkeit gilt insoweit nicht.

Die Berechnung auf der Basis von 220 Arbeitstagen wird vom BFH ebenfalls nicht akzeptiert.[10] Rechnerisch ist die Urlaubsrückstellung nach folgender Formel zu ermitteln:

$$\text{Rückstellungswert} = \text{ausstehende Urlaubstage} \cdot \frac{\text{Jahresgehalt}}{\text{reguläre Arbeitstage}}$$

9 BMF, Schreiben v. 2.9.2016 - IV C 6 - S 2171-b/09/10002 :002, BStBl 2016 I S. 995 NWB BAAAF-81512.

10 Vgl. z. B. BFH, Beschluss v. 29.1.2008 - I B 100/07 NWB BAAAC-78262.

Als reguläre Arbeitstage setzt die steuerliche Betriebsprüfung i. d. R. 250 Tage bei einer Fünf-Tage-Woche (300 Tage bei einer Sechs-Tage-Woche) an. Bei 365 Tagen im Jahr und dem Abzug von 52 Sams- und Sonntagen[11] sowie den üblichen Feiertagen ist dieser Wert als angemessen anzusehen.

Das Jahresgehalt ist nach H 6.11 „Urlaubsverpflichtung" EStH mit dem Bruttoarbeitsentgelt, den Arbeitgeberanteilen zur Sozialversicherung, dem Urlaubsgeld und anderen lohnabhängigen Nebenkosten zu berücksichtigen. Nicht einzubeziehen sind jährlich vereinbarte Sondervergütungen wie z. B. das Weihnachtsgeld, Tantiemen oder Zuführungen zu Pensions- und Jubiläumsrückstellungen sowie die erwähnten Gehaltssteigerungen nach dem Bilanzstichtag. Die EStH beziehen sich bei dieser Festlegung auf die Rechtsprechung des BFH.[12]

LÖSUNG ► Die Urlaubsrückstellung in der Steuerbilanz ist auf Basis der Gehälter des Bilanzierungsjahres zu ermitteln. Die Berechnung erfolgt ausgehend von 250 Arbeitstagen. Maßgebend ist das Bruttojahresgehalt der jeweiligen Arbeitnehmer inkl. der Umlagen des Arbeitgebers und des Urlaubsgeldes.

3. Darlehensvereinbarung mit nicht volljährigem Kind

BEISPIEL 6 ► Der selbständige Schreinermeister I hat mit seinem 15-jährigen Sohn einen Ausbildungsvertrag abgeschlossen. Da zudem im Betrieb ein Liquiditätsengpass besteht, hat der Sohn dem Vater ein Darlehen über 100.000 € gewährt. Der Ausbildungsvertrag entspricht dem Muster der Handwerkskammer, der Darlehensvertrag einem banküblichen Vertrag. Das Geld stammt aus der Erbschaft des Sohnes von der Großmutter. Beide Verträge hat der Sohn mit dem Vater abgeschlossen; die Verträge wurden jeweils von den beiden Vertragsparteien unterschrieben. Die Aufwendungen – Auszubildendenvergütung und Zinsen – werden als Betriebsausgabe gebucht.

Während das Arbeitsverhältnis bürgerlich-rechtlich wirksam zustande gekommen und deshalb auch steuerlich anzuerkennen ist (vgl. R 4.8 Abs. 3 Satz 1 EStR), gilt dies für andere Verträge nicht. Diese bedürfen der Bestellung eines Ergänzungspflegers (H 4.8 „Minderjährige Kinder" EStH).

Zu ergänzen ist, dass eine Rückwirkung aufgrund einer nachträglichen Genehmigung oder der Vollendung des 18. Lebensjahres steuerlich nicht akzeptiert wird. Ein Insichgeschäft i. S. des § 181 BGB ist so lange – schwebend – unwirksam, bis die Wirksamkeit, z. B. durch Bestellung eines Ergänzungspflegers, nachgeholt wird oder das minderjährige Kind volljährig wird. Die nachträgliche Genehmigung des Rechtsgeschäfts hat zwar zivilrechtlich zur Folge, dass die schwebende Unwirksamkeit des Vertrags rückwirkend entfällt (§ 108 Abs. 3, § 184 Abs. 1 BGB). Steuerlich wird die Rückwirkung nach der Auffassung der Finanzverwaltung (H 4.8 „Minderjährige Kinder" EStH) nicht anerkannt. Nichts anderes gilt aus Sicht des BFH.[13]

LÖSUNG ► Die Aufwendungen für die Auszubildendenvergütung (inkl. Arbeitgeberanteilen zur Sozialversicherung usw.) sind steuerlich als Betriebsausgabe zu berücksichtigen. Die Zinsen können mangels einer zivilrechtlich wirksamen Darlehensvereinbarung nicht gewinnmindernd erfasst werden.

---

11 Bei einer Sechs-Tage-Woche nur Sonntage.

12 BFH, Urteil v. 6.12.1995 - I R 14/95, BStBl 1996 II S. 406 NWB YAAAA-95587.

13 Zum Beispiel BFH, Urteil v. 31.10.1989 - IX R 216/84, BStBl 1992 II S. 506 NWB TAAAA-94102, m. w. N.

FAZIT

Die insgesamt sechs Beispiele zu vermeidbaren Bp-Feststellungen haben auch gezeigt, dass die korrekte Bilanzierung keine unüberwindbare Hürde darstellt. Immer wieder ist in der Praxis aber eine Mischung aus nicht bekannten Festlegungen der Finanzverwaltung und einer unzureichend eingeplanten Arbeitszeit der Grund dafür, dass ohne ausreichende rechtliche Grundlage bilanziert wird. Dies wiederum zieht Feststellungen der Betriebsprüfung nach sich, die zum einen vermeidbar sind und zum anderen zu einer noch größeren zeitlichen Belastung führen: Diskussion mit dem Prüfer, Überprüfung von dessen Exposé, des Prüfungsberichts und schließlich der Bescheide, Erklärung der Abweichung gegenüber dem Mandanten.

Als Einstieg in ein nur unzureichend bekanntes Thema sind die Steuerrichtlinien der Finanzverwaltung insbesondere dann gut geeignet, wenn sie auf Basis einer BFH-Rechtsprechung erlassen worden sind. Eine tiefer gehende Beschäftigung, z. B. durch Recherche in der NWB Datenbank, sollte aber bei Bedarf immer zusätzlich erfolgen.